建筑的意义

开启思想与设计之门

[美] 丹尼斯·科斯坦佐（Denise Costanzo） 著

吉志伟　杨镅　译

上海科学技术出版社

图书在版编目（CIP）数据

建筑的意义 /（美）科斯坦佐（Denise, C.）著；吉志伟，杨镭译 .
—上海：上海科学技术出版社，2017.1
（建·筑思想录）
ISBN 978−7−5478−3071−0

Ⅰ. ①建⋯　Ⅱ. ①科⋯　②吉⋯　③杨⋯　Ⅲ. ①建筑科学－理论
研究　Ⅳ. ① TU

中国版本图书馆 CIP 数据核字（2016）第 106211 号

Original title: What Architecture Means: Connecting Ideas and Design
by Denise Costanzo 9780415739047
© 2015 Taylor & Francis
All Rights Reserved
Authorized translation from English language edition published by Routledge, a member of the
Taylor & Francis Group.

建筑的意义——开启思想与设计之门

[美] 丹尼斯·科斯坦佐（Denise Costanzo）　著

吉志伟　杨镭　译

上海世纪出版股份有限公司
上 海 科 学 技 术 出 版 社　　出版
（上海钦州南路 71 号　邮政编码 200235）

上海世纪出版股份有限公司发行中心发行
200001　上海福建中路 193 号　www.ewen.co
上海中华商务联合印刷有限公司印刷
开本 889×1194　1/32　印张 8.625　字数：250 千字
2017 年 1 月第 1 版　2017 年 1 月第 1 次印刷
ISBN 978−7−5478−3071−0/TU·233

定价：45.00 元

建筑的意义

该书向您介绍建筑学，并让您跨越时间、空间和文化，探索设计思想和价值之间的关系。不论是专家还是消费者、客户、公民，该书将使您在建筑中发挥积极和重要的作用。通过分析著名的和普通的建筑，同时呈现和质疑重要建筑师和理论家的立场，这本书将帮助您评估和决定：建筑中什么特质、思想和价值观是重要的。

你将学到：

- 如何定义"建筑"与所有的建筑物，甚至非建筑之间的关系；
- 建筑物如何表达和容纳神圣的理念、家庭的理念和社区的理念；
- 什么是建筑师，他或她为设计和建造带入的重点是什么；
- 建筑师与工程师的关系，以及为什么他们是不同的学科；
- 关于美、创意、结构表达、文化记忆等在建筑设计中的价值；
- 关于建筑师与建筑，服务、利益和伦理的关系。

该书主题包括：神圣的空间、住宅、城市、建筑师与工程师、美学与设计、创意与方法、技术与形式、记忆与认同、道德与责任。

致谢

如果没有大家的帮助和支持，这本书就无法完成。其中，我最想感谢的人是宾夕法尼亚州立大学建筑系主席迈赫达德·哈迪吉（Mehrdad Hadighi）。之所以感谢迈赫达德，是因为他最先对我的一门基础课程教学方法表现出了热情，并且认为它可以出版成书。他为这本书的出版提供了许多方面实实在在的帮助，比如他慷慨地提供了教学休假和经济支持，避免了图片研究和出版权遭到禁止。另外，在插图甚至整个项目上，我还得到了凯琳·福斯特（Kelleann Foster）的鼎力相助。他们各种形式的鼓励，是这本书得以按时完成不可或缺的因素。

劳特利奇（Routledge）出版社的温迪·富勒（Wendy Fuller）和格雷斯·哈里森（Grace Harrison），指导这个项目从一堆繁琐的讲稿变成了一个更精简的，我认为，更具说服力的探讨。感谢温迪在这个过程早期阶段的指导和支持，也感谢多位不知名的审稿人，他们对这个项目的反应敏锐而有效。同时也非常感谢格雷斯，她在编辑过程中展示了自己的智慧以及她对最终结果的信心，她的任务感觉就像把一棵红杉修剪成一件盆景。

非常感谢艾玛·布朗（Emma Brown）专业的图片研究、熟练的导航工作，这是一个我从来没有尝试过的领域。和格雷斯一样，艾玛提供了切实的帮助和服务，在整个过程中，她作为一个必不可少的讨论者为我解决许多问题。感谢马修·安德伍德（Matthew Underwood）提供了优美的、可供分享的图纸。这些图纸对这本书能够成为学习建筑的工具是至关重要的。为了让这些图纸尽可能有效地发挥作用，他付出了大量时间和心血。

这本书反映了我的教育方法，同时我也受到自己老师深刻的影响。其中最主要的是宾夕法尼亚州立大学艺术史系的克雷格·扎贝尔（Craig Zabel）。克雷格帮助我树立了建筑中的"大创意"教学目标。除了直接影响我对建筑环境的历史和意义的理解外，克雷格还提出了建筑学作为一门学科，如何将这些新元素紧密结合的范例，即以严谨、幽默、敏锐的眼光对待设计和当前。

从开始教授这门启发了本书出版的课程，我也得到了许多研究生助教的极大帮助，他们提供了实际的支持和关于内容有益的见解。我要特别感谢其中之一，阿帕娜·帕里克（Aparna Parikh），他是一个非常热情的、见识广博的、重要的对话者，从他身上我学到了很多（现在仍然在学习）。虽然人数太多不能够一一列举，我还想要感谢许多同学，他们有举手提问的，有单独约我见面的，有发邮件评论、反馈和咨询的（经常附有有趣的图片）。多年来，他们与我讨论有关建筑的想法。你们课外讨论建筑的乐趣，或把我们讨论的概念应用到建筑中，说明这种方法有效。

宾夕法尼亚州立大学建筑系的其他学生，都认真阅读了部分章节的草稿。提姆·安宁（Tim Annin）、马萨·马苏德（Mahsa Masoud）、布丽姬·诺维利（Bridget Novielli）、斯蒂芬妮·拉吉克（Stephanie Rakiec）和梅兰妮·雷尔（Melanie Ray）都提出了极好的建议和反馈。我在建筑系的同事丽贝卡·海恩（Rebecca Henn）也大方地评论了"权力和政治"这一章节，在此非常感谢她的帮助。我们的讨论以及她的洞察力，有助于我们更好地重塑和阐明内容和目标。宾夕法尼亚州立大学建筑及景观设计系图书馆的亨利·皮肖塔（Henry Pisciotta）和提姆·奥曼（Tim AumAn），也提供了让我感激不尽的研究帮助。

作为美国学院（罗马）的研究员，我非常荣幸完成了最后成果的手稿。除了享受到许多与社会中有惊人天赋的艺术家和学者关于这个项目受益匪浅的谈话外，其中三位，克莱尔·卡田纳西尔（Claire Catenaccio）、玛莉琳·戴斯蒙德（Marilynn Desmond）和米歇尔·帝玛尔诺（Michelle DiMarzo），每人阅读一章，都给出了令人不胜感激的建议。

最后，最要感谢我的丈夫弗朗西斯科·科斯坦佐（Francesco Costanzo），他拥有我最欣赏的工程师才华，同时也感谢我的两个优秀的儿子加布里埃尔（Gabriel）和格雷戈里（Gregory）。也许我不完全确定什么是建筑的意义，但我确实知道，你们让我的生活变得更有意义。

建筑的意义
What Architecture Means

前言

　　建筑往往是通过建筑史，典型表现其随着时间的发展和作为文化史的一方面；或者通过建筑赏析，帮助学生理解并评估学科的审美和设计的目标。这两种方法对指导未来的建筑师学习都是至关重要的，而且也有利于大大提高非专业人士的兴趣。此外，建筑学也通过有关建筑理论的书籍，介绍了该领域的概念维度，无论是作为该学科新学生的入门引导，还是作为进一步提升储备的知识，建筑理论都将丰富、深化、激活之前的学习。[1]

　　《建筑的意义》一书，融合了以上三个方面的内容。它提到建筑物的设计和外观，建筑该何时、何地、为谁而建造，它们是如何被使用，它们服务于谁又体现了哪些概念。同时，也把"答案"直接或间接地转变为议题，引发更多的建筑学问题：哪些信仰和价值观将塑造我们的建筑环境；从美观、结构和原创设计方面强调，哪些有收益，哪些是难点；我们如何调和建筑永远依赖于权力，与建筑师关于构建健康、稳定社会的古老责任这两者的关系。这些问题围绕着建筑师的创意、专业和文化认同，赢得赞美，也备受诟病，正如雷姆·库哈斯（Rem Koolhaas）所说的，这是"力量和无能的有毒混合物"。[2]

　　这本书的目的，不同于典型的建筑赏析或建筑史，而是呈现什么是必然被赞赏的定义。从权威的角度来说，这些定义是易感

---

[1] In recent years, the architecture theory literature for introductory readers has been enriched by a number of excellent texts, including those by Fil Hearn, Krista Sykes, Colin Davies, and Rowan Moore (see bibliography).

[2] Rem Koolhaas, lecture at Columbia University, 1989, cited by Shuman Basar, "The Poisonous Mixture", in A. Krista Sykes, ed., *The Architecture Reader: Essential Writings from Vitruvius to the Present* (New York: George Braziller, 2007), p317.

知的、令人信服的建筑品质。这吸收了已建立的"好建筑"的概念。通过对被认为是重要的、典型的或两者都有的建筑的描述，建筑历史与定义叠加在一起。历史学家通常把他们的选择嵌在一个社会的、智力的和意识形态的语境里，这就会提出与这本书中同样的问题。然而，历史必然强调"发生了什么？"胜过"接下来应该发生什么？"如果我是一个历史学家，在这本书中我会把后一个问题放到前面。

这并不是因为我提供了一个未来建筑的处方——远非如此。但我的确认为，下一步应该建造什么以及如何建造是值得公众广泛参与的话题。我们应该意识到建筑学的认知度有多弥散，并以此激发好奇心和参与感。

我们的一生生活在建筑的内部以及周围，选择它们，又被它们所塑造。建筑既是异国情调般深奥的，又是众所周知的——如同我们自己的家园，神秘而又熟悉。

这本书创作目的是提供一个契机，以好奇的笔触探讨建筑是如何反映、体现和沟通理念和价值观，这些想法从何而来，以及它们的优缺点是什么。探讨缘于九个方面的议题，分别在独立的章节中展开。这些关于建筑的理念有：①以一个特殊的、"更高的"的宗旨创建场所；②定义个人经验；③塑造人类社会；④由具有专业知识和技能的、特定的人建造；⑤达到一定的审美目标；⑥体现创意、原创理念；⑦表达自身结构；⑧属于一个特定的文化或区域；⑨服务于某些人或每个人。

无论是这个问题的列表，还是我特别选择说明的案例都是尽力阐述主题的。后者部分反映了我自己的教学——强调北美的建筑传统，以及与西欧建筑传统的关系。我认为某些作者——包括维特鲁威（Vitruvius）、阿尔贝蒂（Alberti）、洛吉耶（Laugier）、拉斯金（Ruskin）和勒·柯布西耶（Le Corbusier）——贡献了一个现在已经获得全球影响力的建筑师的范本，他们的思想对全面理解当代的学科，有着不可或缺的作用。然而，除了这些关键人物外，每个章节的篇幅按照主题展开，正如有效地利用建筑、建筑师、时段和完全不同于包含在这里的地点。我希望提供一个简单的探讨，可以为更宽广、更丰富的探讨提供一个基础。假如这些特定的主题能够鼓舞其他人的探索，对我将是莫大的欣慰。

《建筑的意义》有两个目标：①帮助每个建筑从业者，比如设计专业人员、合作者、客户、消费者和市民，了解建筑如何体现不同，这往往是相互冲突的价值集合；②帮助读者理清关于什么是"好的"建筑的标准，使建筑有价值的原因是它服务并表达错综复杂的需求、信仰和欲望的能力；其中一些是明确的，甚至是可以量化的，而我们会努力用语言的形式来表达其他的。完成这一任务，是建筑面临的巨大挑战，也是建筑的荣耀。我希望本书能帮助你辨别自己关于建筑是什么的信仰，并激励你去寻找和学习更多，使你具备能力，能够让建设环境尽可能更好，尽可能为更多的人服务。

目录

什么是建筑（architecture） *1*

什么是建筑（architecture）

在广泛认知上探讨建筑的内涵之前，我们可以自问，"建筑"作为一门学科的意义何在。如果你脑海中浮现出描述性单词或短语，请把它们写下来。其中有适合图 0.1 的吗？

图 0.1　弗兰克·盖里，古根海姆博物馆，毕尔巴鄂，西班牙，1997

位于西班牙毕尔巴鄂的古根海姆美术馆被称为"建筑"有诸多理由：由世界著名建筑师弗兰克·盖里（Frank Gehry）设计，且设计独特和令人印象深刻；作为文化机构，它也具有与之相匹配的公共职能。同时，它也颇具影响力：在当地，它主导了正在衰败城市的复兴，使毕尔巴鄂成为具有吸引力的旅游胜地；在世界范围内，它刺激了数十项委托著名建筑师设计奢华城市地标建筑的项目，企图效仿其成功模式（即"毕尔巴鄂效应"）。

★ 建筑的选择性定义

大多数人认同毕尔巴鄂古根海姆美术馆是"建筑（architecture）"，因为我们经常将这个词用于重要或特殊的构筑物（building）。20 世纪建筑史学家尼古拉斯·佩夫斯纳（Nikolaus Pevsner）在自己一本书中这样开头："自行车棚是构筑物，而林肯大教堂是建筑。"[1] 他自信的判定区分了两个概念："构筑物"和"建筑"。林肯大教堂显然是构筑物，因此佩夫斯纳的意思并不是说建筑不是构筑物。相反，他建立了一套分级制度，在"简单的"构筑物中，包含一套比其他结构更好的子集——建筑。这就是他提出的建筑的选择性定义。

林肯大教堂说明了属于这一定义的独特品质。虽然图 0.2 展示了许多构筑物，可是我们能准确判断，林肯大教堂是在周围较小结构中高耸的那个巨大结构。如毕尔巴鄂一样，林肯大教堂在规模上是巨大的——全镇最大的建筑物——有着一对高塔、大尖三角形式（尖顶）以及雕刻丰富的外立面。它的轮廓、窗形和陡峭的屋顶斜度在风格上与之前的砖瓦房有所不同，它的灰黄色调源于另一种材料——石头，所有元素使得大教堂从背景环境中脱颖而出。这一切都隐含着"真正的建筑"在视觉上是与众不同的：其规模、风格、材料无一不吸引我们的注意力，并标识构筑物的特性。

---

[1] Nikolaus Pevsner, *An Outline of European Architecture* (New York: C. Scribner's Sons, 1948), p16.

图 0.2　林肯大教堂，林肯，英格兰，1185—1311

　　规模宏大意味着文化的重要。在 1185—1311 年建设阶段，林肯大教堂几乎可以容纳大半个城市的人。时光也为其添加荣耀：大教堂用了近 130 年打造，屹立至今超过 700 年。如果这个教堂没了，英国人将失去一个与他们的过去联系的纽带。这被称为纪念碑（monument），一个源于拉丁词"记忆（memory）"的派生词。岁月也提供了"真实性"：进入林肯大教堂并触摸其石材细部，能够连接起我们和 8 世纪以前中世纪的雕刻匠人们。假使教堂被摧毁后，在原址建设复制品，这种连接也会被打破。同理，如果将它小心地拆卸并在其他地方重建，它也不再相同。在这里，"真实性"意味着持续的位置和随着时间逝去的物质存在。

　　佩夫斯纳用构筑物来说明"建筑"，即一个构筑物具有令人印象深刻的视觉和文化印记。他以一本欧式建筑书的开头为例阐述定义，这一定义也适用于世界其他建筑，例如泰姬陵（图 0.3）。与林肯大教堂一样，泰姬陵是宏大的，其塔楼、圆顶和拱形壁龛给了它一个独特、可识别的外观。它的大理石外立面镶嵌着色彩斑斓、精雕精琢的装饰。规模、样式和材质都能将其从背景环境中区分开来，并标志其特性。其文化地位显而易见——世界各地的游客参观这座拥有几百年历史的真实纪念碑。如今，它已是一座世界文化遗产，其损失将得到世界的哀悼。

图0.3　泰姬陵，阿格拉（Agra），印度，1632—1653

　　尽管泰姬陵和林肯大教堂都契合佩夫斯纳对"建筑"的定义，但它们遵行不同标准。泰姬陵侧重于协调建筑和园林的复杂性，以一河为界，在进入的过程中，围墙和门道为视线加上框景。相比之下，林肯大教堂置身于不规则的城市环境里，我们可以通过城市街道看到局部，但要看到整个建筑，就只能凑到跟前或者在遥远处。两者的花园设置也不同：林肯大教堂的院子里有一个不规则的外轮廓，向周围的城市空间开放。而作为蜿蜒河流的一部分，泰姬陵的整个设置是完全对称的几何形。构筑物被平台抬高，四角的塔楼勾勒出了"盒子"空间，使其与周围环境区分开来。

　　这些都是正式的特征：我们所看到的品质指出了设计上存在的差异。泰姬陵的一致性和规则性意味着连贯的计划。事实上，这个建筑群是建筑师团队历时约二十年建造的。林肯大教堂的不规则性则反映在多个时代里，教堂和城市互相适应，并随着时间的推移逐步演变。

　　历史使这些"纪念碑"保存的记忆变得清晰。林肯大教堂是法国出生的主教开建，他引进了现在被称为"哥特式（Gothic）"的外国建筑风格。当地建设者以后来有名的"英式"模式重新诠释了法式。林肯大教堂变成了英国文化的象征，抵抗来自大陆的影响。泰姬陵的风格源于 17 世纪波斯（Persia）建筑，也属于外国风格，由莫卧儿王朝（Mughal）国王主持，该王朝是中亚穆斯林统治的印度教人口的一部分。泰姬陵是现代印度的象征，同时也是百年历史文化分歧的见证。

林肯大教堂也保留了宗教分裂的烙印。建造时，整个西欧都是天主教徒。16 世纪新教徒进行宗教改革，英国宗教开始分裂并经历了数十年的内战。林肯大教堂原本是天主教堂，现在属于英国新教教会。它同样携带着宗教冲突和变革的烙印。

如果承载重要的文化内涵，并在视觉上能够明显区分是符合佩夫斯纳"建筑"定义的话，那是什么原因使一座建筑物不够格称为"建筑"？选择性定义就是必须排除某些建筑物。佩夫斯纳指的自行车棚的方便替代物是家装商店出售的园林工具棚。这符合我们对建筑定义的任一标准吗？这些棚可以做到较大的尺寸和足够大的空间，许多还有对称的设计，甚至观赏的细节。一些棚也很小，是由工业化、价格便宜的塑料制成，每年生产成百上千的复制品。这些不是特别的、唯一的或手工的构筑物，而是大批量生产的工厂化消费品，像塑料汽水瓶一样。大多缺乏独特性，仅提供便利而非文化。没有任何一个棚比其他棚更真实——除非有什么真正有价值的新闻出现——也没有一个可能成为"纪念碑"。虽然储藏式割草机是完美的，但工具棚代表一种不同的构筑物分类而不是哥特式教堂。

退一步讲，假如富尔赛（Fancier）批量生产的工具棚有木质壁板、牢固的屋顶和装饰性的细节，熟练的建筑工人可以建造出一个小的泰姬陵作为工具棚。那么，附加的什么功能可以把"非建筑"变成"建筑"？这是很难确定的。虽然选择性定义可以区分高贵和卑微构筑物，但区分的边界，是比在频谱中识别极端更困难的。因此必须依靠自己或者评判家进行挑选，即必须有人划出分界线，把"建筑"从普通的构筑物中挑选出来。

★ 普遍性定义

我们探讨建筑，包括"不特别"的构筑物吗？一种方法是通过定义"乡土建筑"的概念。"乡土"是日常用语与官方用语或专业用语相对。它定义了这样一类构筑物：不独特但可以产生一定的重要影响。如郊区"大盒子"一样的商店，虽然大，但不是泰姬陵。如果以文化、经济和环境因素来衡量，它又是一种相当重要的建筑形式。

土耳其加泰土丘的新石器时代遗址，迄今已超过 8 000 年。它没有规模宏大、与众不同的构筑物，但是否意味着它不是建筑？这个城市作为一个整体，建设了一个类似蜂巢的小房间，它本身在建筑上具有重要意义。现存的杰出结构本身就是当地文化的重要证明。每一个构筑物都有价值并能提供信息，毕竟 8 000 年前的人类制品都是罕见而重要的。

图 0.4 展示了里约热内卢郊外一处贫民区。这些房子既非古代，也非现代，不是著名建筑师建造，大部分由这里的居民使用搜集来的材料建造，甚至通常是违法的。居民大多是被城市工作吸引至此，难以负担住房的农民工。

图 0.4　里约热内卢郊外的贫民区，巴西

贫民窟是"建筑"吗？如果研究建筑是从如何反映人的主观能动性，不断变化的人口状况，并制定社会和经济变革来说，贫民窟可能比大教堂有趣得多。讽刺的是，如古根海姆博物馆一样，贫民窟也成为主要的旅游景点。大批游客来这里参观，催生了诸多使巴西文化富有活力的元素。

我们称贫民窟为乡土建筑，也许会认为这种区分是多余的。为什么不能简单地称所有的构筑物为"建筑"，即普遍性定义呢？如何定义建筑是观点和优先选择的反映。普遍性定义对研究人与构筑物之间联系的人来说，是自然而然的，像考古学家、社会学家和经济学家。建筑的广义理解也是民主的，因为它考虑到任何一个构筑物都可能是重要的。批评家不会在我的房屋上贴上"建筑"的标签，但它的设计构成我的生活，比任何其他著名的博物馆都重要多。家庭、学校、邻里、工作场所、购物和娱乐场所通常是我们所感受到的最具影响的建筑。

★ 是建筑物，或不是？

普遍性定义把注意力引向所有的构筑物，但也造成了不能简单区分的诸多问题。无论接受选择性定义还是普遍性定义，至少我们都承认，建筑是关于构筑物的——人们可以居住的物理结构和空间。抑或是否必须在物质上存在？有很多的"构筑物"，我们仅能从文字、图纸或照片上知道，一些只存在于过去，像古代世界七大奇观，至今只有一个得以保存——吉萨大金字塔。亚历山大灯塔只能通过硬币上的图像和据此仿建的灯塔了解，即一个建筑作品，在消失很久之后，仍然可以通过文字、图像和复制品保存下来。

建筑的图像和文件也反映了构筑物是如何建造的，即源于个人脑海中的想法被转换成图像。最初的想法经常被改进和修订，而建设通常由另一组人执行，使它可以适应多年后的条件：教堂可以成为办公室或公寓。

图纸、照片、口头报告和模型可以记录发展历程，有助于理清最终构筑物的样子——像这枚奖牌上罗马圣彼得大教堂长厅的想象图

图 0.5　绘有布拉曼特圣彼得大教堂
设计的纪念章，1506

（图 0.5），可以展示没有实际建成的建筑。建筑需要法律批准、资金支持和结构方案可靠实施，有时实验性错误会产生灾难性后果。以图纸和模型方式模拟构筑物的新理念具有更快、更容易、更便宜的特点。纸上建筑（无论是不是在纸质上）可以记录任何时期最大胆的设计构想，并为此提供重要的、建设者所需的洞察力。

数字化工具模糊了现实和构想之间的区别，电影、视频游戏或其他沉浸式媒体的工作者创造出了几乎与实际居住空间一样真实的模拟对象和环境。建筑师也用这样的工具来创建虚拟建筑，使之在动土之前就"看到"构筑物。虚拟建筑满足建筑的判定标准吗？

★　真正的非建筑

你也许会把建筑的定义限制在可触摸性。但即使是有形的、修筑了的工程也很难定义。华盛顿特区的越战纪念碑（图 0.6）是一个实实在在、建成的作品，并成为许多美国人心里意义重大之所在，如林肯大教堂或泰姬陵一般。越战纪念碑是一处朝圣之地，保留了战争记忆和民族文化的转变。

它由当时还是耶鲁大学建筑学专业的学生林璎（Maya Lin）设计并赢得比赛。它不是一个构筑物：没有屋顶或围合，只是一条沿着刻有死者名字的镜面花岗岩石墙的步道。顺石墙步行，下沉到地面以下，再逐渐返回到地面标高。虽然没有构筑物元素，但它采用了运动、表面、材料、现场和形式等建筑词汇，通过设计，建立起具有纪念性的体验。林璎的设计及后来的实践，跨越了多个学科：景观建筑、雕塑和环境艺术。如果建筑是满足人类的需要，并通过建造表达文化身份，那么她的纪念碑是够格的，不论建与否。

图 0.6　林璎，越战纪念碑，华盛顿，1981

建筑是技术与文化的交汇点，像桥梁和汽车满足人类的目标一样，通过设计和建造表达。目标往往是无形的，任何尺度的建筑都可以体现信仰和理想，表达身份或储存记忆，这就是为什么理解概念是复杂的任务。石头与金属在纸或屏幕上可以反映很多东西：信仰、家庭或社会；设计师的眼界以及对美和创意的理解；特定文化的技术资源，其权力分配和正义观。建筑可以包含其中任意一个或所有。

建筑也是让构筑物具有意义的一系列思想，因此需要探讨相关学科，如宗教、社会学、艺术、科学、历史和哲学。探讨并无结果（那是一个不可能的目标），而是简单地介绍几个被定义的建筑价值和定义方式，既有你已经接受的，也有新的。你会找到支持自己想法的观点，也会发现挑战自己观点的思路，或你从未想过的新奇想法。任何结果都是这本书的成功。

定义建筑概念和相关工作属于理论范畴。我们用理论解释现象或者实践。理论也是从一定距离上揭示事物的关联的"图片"。这是最初希腊语含义——"观察的视角"。当我们去造复杂信息的句子，提宏观的问题，领会宏观的图片，就已经在做理论了。

探讨建筑的意义，需要使用思想作为工具，这三个含义是相关的。最初的标准非常重要——不是因为它对或是错。这不是佩夫斯纳的书，不宣称什么是或不是"真正的建筑"。它只提供了起点，对建筑的意义发挥你自己的想象。

扩展阅读

1. Freire-Medeiros, Bianca. "The Favela and Its Touristic Transits." *Geoforum* 40, 4 (July 2009): 580-588.

2. Ling, Bettina. *Maya Lin*. Austin, TX: Raintree Steck-Vaughn, 1997.

3. Pevsner, Nikolaus. *An Outline of European Architecture*. New York: C. Scribner's Sons, 1948.

4. Rybczynski, Witold. "The Bilbao Effect." *Atlantic Monthly* (September 2002).

5. Verma, Som Prakash. *Taj Mahal*. Oxford: Oxford University Press, 2012.

第一部分

建筑在何处?

Where is Architecture?

神性，家庭生活，社区
DIVINITY, DOMESTICITY,
COMMUNITY

第一章
神圣的空间

建筑历史学家尼古拉斯·佩夫斯纳刻意用一座宗教建筑阐述了他对"建筑"的定义。许多建筑物的设计是为了宗教目的而构建的，包括佩夫斯纳的林肯大教堂在内，它们的功能不仅实用，而且特殊：神圣。

我们常把神圣和信仰联系起来，但它也存在于宗教背景以外。2001年纽约世贸大厦恐怖袭击事件，摧毁了两幢办公楼，同时也赋予了它新的意义。数以千计的生命牺牲，一个城市的最高建筑的毁灭，对自豪的民族自信心的侵犯，使该地点变得对数百万人来说意义深远。这种创伤性事件可以使一个地方被神圣化；如果创伤是集体性的，这种神圣将不只是个人的，而是文化性的。

由迈克尔·阿拉德（Michael Arad）和彼得·沃克（Peter Walker）设计的911纪念碑表达了这一深刻的意义。它将双子塔位置转变为两个巨大的立方体空缺。水从周边安静的水池倾泻而下，流到立方体的周边，然后消失在一个深渊中。如越南退伍军人纪念碑（见介绍）一样，该设计引导参观者通过一个花园，塑造嵌入地面的简单形式，运用暗黑色的花岗岩且强调逝者的姓名。

纪念碑使用抽象的设计词汇来代替宗教建筑的构图，这反映了多

图 1.1　迈克尔·阿拉德和彼得·沃克，反射缺失，
911 纪念碑，纽约，2004.11

元化、世俗化的美国文化。我们很容易把基督教和林肯大教堂的哥特式风格联系到一起，但我们的个人信仰决定我们是否能在教堂体验神圣感。因为有各种信仰的人和无神论者都死于世贸中心袭击事件（即911 事件），强调任何一种宗教传统的纪念碑，都不能代表所有的受害者。其设计通过开始于史前时期，并反复出现于宗教建筑的各种形式的方法，来表现死亡、失去和记忆。

★ 阅读石头：史前的设计

我们通过不同的东西来表达神圣性——食物、仪式、文字、符号、音乐，可以通过如林肯大教堂般复杂的结构，也可以是简单的一块石头。建筑可以宣示一个位置拥有特殊意义。在法国西北部卡纳克附近有一块直立的巨石，高出地面约 30 英尺（9 米），总重量估计达 150 美吨（136 000 千克）。这个史前巨石柱是众多巨石之一，且是设计和施工的产物，并非自然形成。卡纳克巨石林由大约 5 000—8 000 年前的史前人类所立，它原本站得更高（有些高度因为闪电而损毁）；另一块倒在附近的巨石几乎是它的两倍高。

我们自然好奇新石器时代的人如何让一个重达 150 美吨的石头直立起来。我们的下一个问题也许是：为什么？不像林肯大教堂或泰姬陵，卡纳克巨石林没有其他的解释性证据存在。但可以推断，这个位置对其建设者来说是非常重要的。人们投入了巨大的精力和智慧，来确保这一特殊点，能够如石头般长久地被关注。

可能有人不会认为一块站立的石头（或一些巨石被排列成组）是"建筑"，因为它没有围合出空间。但其他巨石结构却有。如由多个直立的石头支撑一块水平面的石头的史前墓石牌坊。一块巨石占据一个"点"，而一个墓石牌坊却可以围合出一个包含"点"的空间体积；人可以进入这个重要的"点"。

超过 30 000 个石牌坊在朝鲜半岛被发现，但并没有发现如卡纳克巨石林一样的纪念用途。大多数都是家庭祭奠先辈的圣坛。他们连通类似门道的结构，甚至早期的房屋的形式一起，暗示着特定的含义：这是一扇划分生与死之门，也是一个尘世家庭寄托记忆和精神的房屋。

图 1.2　江华石墓牌坊，仁川广域，韩国，约公元前 1000 年

在爱尔兰，博纳布罗恩石墓是联系死亡和记忆的。超过二十具人类遗骸在那里被发现，说明了该位置的神圣性，因为埋葬任何人遗

体的地点已经变成怀念逝者的地点。碳测年显示，这些遗骸属于多代人，并有考古证据表明，建设者们从事农业。农耕文化是依赖土地维系，也自然依附于土地。当一个群落长年在一个位置埋葬死者，这进一步把"他们是谁"和"他们住在哪里"联系在一起。这些石棚原本是一座座人工叠石堆起的像巨大假山一样被泥土覆盖的古冢的入口和引导。这些坟墓同时也是明确的地标，表明了谁拥有这片土地，并给他们另一个守卫这片土地的理由。

★ 史前巨石阵：几何，方向和意义

史前巨石阵是大不列颠岛最著名的巨石结构，也是最大、最精巧的，仍然屹立的新石器时代的遗迹。它的巨石都小于卡纳克巨石。其中最大的砂岩石大约有 24 英尺（7.3 米）高，重 50 美吨（45 000千克）；其他的每个平均 25 美吨（22 600 千克）。它们的地质产地在19 英里（30 千米）之外的。八十个辉绿岩"青石"，每个重达 4 美吨（3 600 千克），同样要从超过 150 英里（240 千米）以外的源产地威尔士运过来。获得这些材料和协调场地的建设需要巨大的后勤和技术保证。

纵然这些巨石显得毫无规则，但它们却是用工具加工而成。每块垂直的石头上部还有一个小凸起（榫），意在滑入在石梁上的相应孔

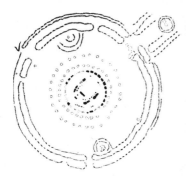

图 1.3 巨石阵，威尔特郡，英国，公元前 2600—前 1600

（卯）中。过梁侧面由铜鼓和槽连接，形成一个连续的环。如此联锁细节加强了结构的稳定性，但需要精确的石头工艺和重型吊装。

考古研究已经重现了场地大部分悠久、复杂的历史。巨石阵在超过一千年的时间里，有三个主要的建设阶段。第一阶段包括木结构和东北方向一条有缺口的环形沟渠，还有一系列有白灰填充在内的小孔（称为"奥布里洞"，即"Aubrey holes"，以第一记录它们的人名字命名）。几个世纪后，建设者添加了青石的内环。最后，有连续过梁的外环被用砂岩石建造起来，五组三石巨石牌坊（两个垂直巨石支撑一个水平巨石）在中心排列成 U 形。这些青石被布置成圆形和模仿漂砾的马蹄形。

这些设计阶段都是同心圆的形式：环形，包括 U 形的曲线，都有个共同的圆心，就在所谓的"圣坛石"上。但是 U 形的直边也定义了通过中心轴的平行线：一条"轴线"。这个轴线与沟的缺口形成直线，一块石头掉在沟里被称为"屠宰石"，还有另一块石头更靠外的被称为"踵石"。

在每一个历史阶段中，巨石阵都指向了两个方向：向内指向圆心，向外从圆心沿着轴。这条线传达了运动路径。中心与路径相结合表明了这是一个仪式，礼仪之旅起止于该意义深刻的点。这条轴线也分别指向两个天文学重要方向：夏至太阳升起地平线的点，这是一年中最长的一天；从反向，冬至日落地平线的点。两者标识太阳的年周期变化的方向，越来越短的黑夜变成越来越长的白天，然后又变回来。对于务农的人来说，知道什么时候种植和收获是生存的关键，所以准确预测季节变化是至关重要的信息。古代农民见识过天体和气候模式的强大的力量，视之为生命和死亡的仲裁人。

当考古学家在奥布里洞里发现了 200 多具人类遗骸之后，巨石阵与死亡之间的联系被进一步强化了。这些遗骸的埋葬分布在超过 500 年的时间段内，几乎就在巨石阵的建造期间。附近的一处圆形木制居住点的遗迹据测定也属该时期，可能是巨石阵的建设者的居所。相似的形式表明，它们是"孪生"城市，代表了"生"和"死"。总而言之，巨石阵的几何构图，巨大的建设努力，被使用的长久时间以及功能似乎承载的仪式、葬礼，宇宙法则的联结功能都证实这个地点对早期的英国人来说非常神圣。

关于巨石阵我们不能回答的问题是：为什么在那里？是什么特征或事件促使在这个精确的位置建设了上千年，我们已经不得而知。这样的问题只有历史文化可以解答，那些书写或口头流传下来的故事，有助于解释他们的信仰。这些有时可以确认的某些结构的神圣性和解释它们的功用、位置的选择、设计的策略。

★ 雅典卫城：石头中的故事

古希腊人，像史前的不列颠人，用精心设计的石头建筑标志着神圣的场所。最著名的是雅典的卫城（"Acropolis"在希腊雅典意思是"高城"），史前居民为了安全定居在这个可以防御的山顶而建。后来，它成为用来安置和保护城市与神的关系的标志。

雅典卫城是一个"众梦界"，一个被城墙包围的避难所。巨石阵的环定义空间的界限，但雅典卫城的围墙形成了一个实在的隔离。它的主要入口是一个纪念碑式的门户、通廊（图1.4，下方正中）。在内部，几座庙宇独立地自由分布。最著名的有巨大的帕提农神庙（图1.4右侧；整体效果见图4.2）和较小的伊瑞克提翁神庙（图1.4左侧）。它们之间有另一处毁坏了的神庙的地基。

这个位置，像巨石阵一样，在过去的许多世纪被修改过多次。但希腊著作解释了是什么让这山顶变得神圣：在这里，通过一场神圣的比赛。这个城市确定了它和智慧女神雅典娜的特殊关系，她与海神波塞冬争相成为城市的守护神。他们分别献出一个礼物：波塞冬的盐泉、雅典娜的橄榄树。人们选择了雅典娜的礼物，并以她的荣耀命名这个城市之后，泉和树被当作神迹保护起来，神圣的地点在这个神圣的山上。

伊瑞克提翁神庙是为了纪念那些文物而建。它取代了原本卫城最神圣的建筑雅典娜神庙（"城市的雅典娜"），其内部放置了珍贵的木质雅典娜神像。公元前480年，波斯人摧毁了这座神庙、神像以及整个卫城，给这座城市带来毁灭性损失。当城市被重建时，雅典人选择

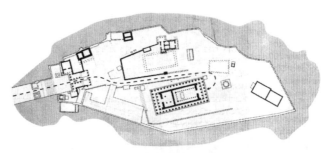

图 1.4　雅典卫城，雅典，公元前 5 世纪重建

以不重建波里亚斯的雅典娜神庙的方式来纪念它的毁灭。像世贸中心一样，它原来的位置变成了缺失的、荣耀的空位。

　　卫城是雅典每年一度庆祝雅典娜生日的游行仪式（穿过雅典城）的目的地。在这个节日里，公众可以通过山门进入卫城。他们游行的路线（在图 1.4 中的虚线）从波里亚斯的雅典娜神庙的遗迹场地和帕提农神庙之间穿过，并停在帕提农神庙面朝东方的主大门。朝向（字面上"向东"）是至关重要的：古希腊神庙通常面朝着日出的东方，因为那是神的领地。进入卫城是从西向东的旅程，寓意从凡界进入神界。

雅典卫城的神庙是神圣的空间，而不是公共空间；大多数雅典人从未踏进过，涉及牺牲和户外祭坛上燃烧公牛的公众礼拜是一项棘手的事业，最好在户外进行。但古希腊神庙的不可及性——控制雅典卫城的进入，促成了其神圣性。限制谁能进入，即使一个空间具有排他性——值得注意的是谁被排除在外——更显得特别。

然而古希腊神庙的外观，是为公众的视觉而设计的，其装饰性雕塑复述着神话故事。帕特农神庙的西面"山花"（山墙屋顶的三角形部分）描绘了海神波塞冬和雅典娜为这个城市的竞争，东部山花描绘雅典娜的诞生。门廊下的雕刻饰带（水平的带状雕饰）设在内侧墙壁的上部，描绘了雅典娜节的游行，永恒骄傲的公民自发在神圣的建筑举行的仪式。

帕特农神庙内部空间宏大不是为了容纳人群，而是放置一座40英尺高的雅典娜雕像。神庙是女神的房屋，规模与她权力相称的。那座覆盖着金叶和象牙的雕像，其花费超过神庙。这两者都是对城市热爱的奢侈证明。雅典娜女神生日时，雅典人可以在门口窥见闪闪发光的女神。在一年里剩下的时间，从整个城市都可以看见雅典娜的山顶小屋，不断地提醒着她对城市的庇护。

★ 人工山：金字塔和障碍

神的力量往往与天空联系，而人类往往与地面相联系。关于人和神相遇的故事通常发生在山顶这个中间地带。神圣与海拔的联系甚至引导处于平原景观的文化去构建人工山，其中包括位于古巴比伦和乌尔（现在的巴格达），苏美尔人的金字形神塔，还有玛雅人、阿兹特克人和其他中美洲文明的金字塔。如雅典卫城一样，它们都是高台上的神庙，有梯道进入内部，这意味着宗教仪式过程中的攀登。

这样的人工山包括其高度和尼罗河谷平原形成戏剧性对比的吉萨大金字塔，如今可以从它们的表层攀登而上，因为外部光滑的白色石灰岩经历多个世纪已被去除（有些还遗存在哈夫拉金字塔顶部）。但古埃及金字塔没有室外的阶梯和尖顶。它们不是高台神庙，而如巴罗古墓一样是埃及国王或法老的坟墓。

强大的个人纪念碑，对社会也是精神上的教化。古埃及的宗教教义说，如果法老的遗体通过被制作成木乃伊，并放置于安全的坟墓中，被妥善的永久保存，他来世会成为神，庇护他的人民。于是，金字塔成了公益性投资，也成为为与木乃伊相关的多种仪式和皇家墓葬等一系列神圣仪式提供空间的建筑综合体。吉萨祭祀庙在金字塔的东面，尼罗河的西岸，两者通过步道相连接。

因为被抢劫，金字塔的建设停止了，所以它们没能提供安全性。后来，哈特谢（Hatshepsut），一位罕见的女法老，她的墓被安置进一处现成的洞穴里，并在前方精心建造了一座祭祀庙。虽然大金字塔和哈特谢的墓相隔千年，但都选择在防御性的山体中埋葬皇家遗体，使其成为盛大的宗教仪式和建筑的辉煌历程的顶峰。

它们也展示了对地理位置选择的意义。古埃及人把他们的生命之源尼罗河视为区分"生"与"死"的边界。它的东岸代表今生，西岸代表来世。葬礼的游行向西穿过河流，顺着太阳下落的方向，是从一个世界到另一个世界的重大"跨越"。

建筑不同垂直层次、墙壁和门道的边界，可以划分神圣与世俗，确切地说是"寺庙以外"。埃及神庙以塔和坚实覆盖着神灵的梯形墙标记其入口。巨大的凸出结构使跨越门槛进入卡纳克阿蒙神庙的瞬间，成为一个重大时刻。

在塔的后面有一个与外界隔绝的院子，院子的长边有另一座塔。门道以外，林立着巨大的石柱，形成具有多根柱子的大厅。门道从前一座塔依次指向下一座塔，一共有六座。形式多样、轴向布置的门道指向庙宇最神圣的空间，它最隐秘的所在即是至圣之所。这重重障碍，构建了逐渐进入圣地的旅程。每经过一道门，都会更远离尘世，也更接近神。每一道门允许越来越少的人进入，最内部的圣地只有神职人员的精英才可以进入。空间在社会上的排斥性越多，在精神上的意义就越大。

建筑设计体现了这样一种文化理念，即现实中的秩序。古埃及和古希腊的宗教建筑便反映出神职人员的强大。在这两种文化中，有组

图 1.5　阿蒙神庙，卡纳克寺，埃及，约公元前 1550 年开始

织的宗教专业人士控制着神圣的空间，并管理着人民和神的关系。

★ 印度教与寺庙

在南亚，宗教建筑促使宗教惯例改变，使原本依赖人类领袖的宗教系统变得更专注于精神上的地点和空间，其中之一是世界上最古老的、活跃的印度教。有着不同信仰和修行的家庭共同分享吠陀经的经文，已有超过 4 000 年的历史。"吠陀"时期一直持续到公元前 1 世纪，直到新的宗教出现。

最早的印度教寺庙与这一转变相一致。吠陀的祭司管理仪式的户外祭坛数量下降，家庭神龛的使用增加，寺庙建筑和礼拜也增加。印度教的大多数仪式通过在家庭神龛和寺庙建筑的祈祷建立与神的关系。

像帕提农神庙、印度教的神庙或"寺庙"（梵语的"房子"）为神提供了容身之处。寺庙的选址是利用占卜，通过分析预选场地的土壤、地理和星象以确保神的愉悦感。如帕提农神庙一样，作为一座宏伟的石头建筑，屹立在克久拉霍的玛哈戴瓦，其外部雕塑讲述着神的故事。它的外部形态特征有一系列不规则的山峰，最高点是主导性的、抛物线形的塔。印度教的神居住在山里，因此这种设计可以让人联想起神的初始家园。

其中的至高点是尖塔，它下方对应寺庙中最重要的空间，也是最尊贵的圣地。尖塔里摆放着一尊神像，它的高度和帕提农神庙的尺寸一样，有很大的内部容量。其中寺庙的名字意思是"湿婆洞"（印度教四主神之一），已经标明这是一个圣地。它犹如一个洞穴，封闭而狭小，由尖塔的塔体所保护。内部圣地的重要性通过与高耸入云的外部形式对比而实现。

像卡纳克的玛哈戴瓦，一系列房间沿着向东的门单一主轴布置，构件一条流线。抵达后，游客脱鞋、弯腰、触摸门槛，作为进入神圣区域的荣誉。种姓和性别使人们对空间的访问受到限制，反映了社会阶层的地位。在最深处的神殿，信徒冥想、祈祷、绕神像行走（通常逆时钟方向）、背诵经文并给神献上鲜花或食物。

许多印度教庙宇的平面是重叠的方形和圆形。在圆形和正方形的构图中，正方的四个角和基本方向形象征着大地，圆形象征着完美、

图 1.6　玛哈戴瓦寺庙，克久拉霍，印度，1025—1050

平衡、永恒的天堂，这也是神圣的曼陀罗图案。曼陀罗指出了宇宙的秩序，构建了人与神相交的精神天地——恰恰是通过建设寺庙来实现。

★ 佛教圣地：窣堵坡（Stupa）和佛塔

好几种宗教诞生于印度，其中包括印度教，相信灵魂永恒，但要经历生命、死亡、重生的轮回；还包括佛教，它重新定义了世俗磨难的含义，并为信徒提供了逃避轮回的方法。

佛教起源于一个历史性的个体。乔达摩·悉达多（Siddhartha Gautama）是一位公元前 6 世纪的王子，在他看到人类的苦难以前，一直过着拥有贵族特权、受庇护、悠然自得的生活。人类的苦难对他的影响是颠覆性的：他拒绝了所有世俗生活的安逸，从极端奢侈到自我剥夺。数年后，悉达多在花园的树下沉思时终于大彻大悟：真正的智慧既不存在于享乐也不存在于磨难，而是来自平衡的、超脱于这个世界的"中道"。这样的领悟让灵魂放下尘世，逃离生死的轮回，到达"天堂之境"，完成精神的解放。悉达多的弟子们称他为"佛陀"（Buddha），意为"觉悟者"。

早期的佛教修行并不需要任何特定的建筑。然而，在悉达多死后，他的追随者们将他的骨灰分别埋葬在他生命中重要事件发生地。其中之一是桑奇，它在印度中北部。在他的骨灰上面建设的砖制纪念性坟堆受到"杰德拉"的保护，这既是遮蔽顶棚，也是传统荣誉的标志。

几个世纪以后，这个圣祠被阿育王（Ashoka）扩展为石头"窣堵坡"。其半球形顶面类似于新石器时代的古墓；像埃及金字塔一样，它是由规则的几何形并且坚固的石头建造。所有标记的重要埋葬地都有一座人造的、神圣的山丘。窣堵坡内没有房间；它仅仅作为一个信徒朝拜的实体对象，就如同被膜拜的神像一般。和尚拾阶而上到达半球体的中间，会遇到一道墙，然后顺着墙绕行、念经、祈祷。

在窣堵坡顶部是一道方形围栏围起来的结构，被称为"哈尔米卡"（harmika），它象征着佛陀得道开悟的地方。它上面还设置有三层的"华盖"——既象征了尊敬,又象征那棵他曾坐在其下的树。它的垂直立杆代表轴,把半球体中心的佛陀骨灰与天地连接。

窣堵坡周围环绕着坚实的墙,在其四个入口有高大的称为"陀兰那"(toranas)的门道。平面由圆形的外墙、半球体、华盖、上升的阶梯组成。但"哈尔米卡"和四个门道定义了一个共同方向的广场,该方向与基本方向相差几度(这个角度无法解释,但也许有宇宙的意义)。虽然大窣堵坡的设计与印度教的寺庙完全不同,但灵感都来源于曼陀罗的神圣几何构图。佛教徒用曼陀罗作为冥想时的视觉焦点,窣堵坡的几何构图同样通过祈祷者限定了精神空间。

不断壮大的佛教团体终究需要大的室内空间来进行群体朝圣。一个雕刻的佛像通常成为朝圣和冥想的中心。虽然和印度教神庙圣地的崇拜对象或帕提农神庙的雅典娜相类似,但佛陀并不是作为强大的神被崇拜,而是崇敬,这揭示了对顿悟之路的特别尊重。

佛教诞生于印度次大陆,最远传播到了中国、朝鲜、日本,建筑语汇也在这些地区逐步进化发展。在日本奈良附近的法隆寺,看起来和桑奇的窣堵坡截然不同。矩形的寺院中心有两栋建筑,右边是金色大殿,左边是一座有多层屋檐的高塔:佛塔。佛塔层叠的屋顶是三层杰德拉样式,或伞形,或树形。这种覆盖在大结构下的小元素变成一种建筑类型。

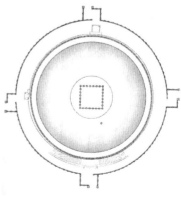

图 1.7 大窣堵坡,桑奇,印度,公元前 250—公元 250

图 1.8　法隆寺的佛寺，靠近奈良，日本，670—714

窣堵坡的复合功能已经演化成不同的结构，一方面标志着圣物的所在，一方面使人联想到圣树，并为仪式和冥想提供聚焦点。大殿内放置有佛像，为信徒提供祷告和礼拜的场合。窣堵坡这样的佛塔内保存着圣物或神圣的经文。不像桑奇，法隆寺的寺院墙壁是根据基本方向精确定位的。法隆寺区域内的布置是不对称的，但是却达到了和谐、恰当，并且佛教的平衡。

★ 犹太教：庇护神和他的子民

许多古老的宗教是多神崇拜的，如古埃及和古希腊。印度教有四个主要的神，虽然他们可以被视为"一神教"的表现。佛教从来没有定义"神"，而是强调智慧和伦理。一些古老的中东宗教都信仰一个全能的神。犹太教、基督教、伊斯兰教如印度教一样强调经文，它们之间在信仰、文化和宗教建筑上也有着非常密切的关系。

其中最古老的是犹太教。历史学家争论的早期人物亚伯拉罕是否存在，但"一神论"明确出现在 3 000 年前，正是现在的以色列一带。虽然古希腊诸神是人的形象，古埃及和古印度的神灵也结合人类和动物的特征，但是犹太教却始终认为没有形象可以代表"神"，或者他们并未尝试用具体的形象去代表神。神，只有通过介入人类历史，给予他的子民戒律，才能够被感知。

最早的神圣犹太教构筑物不是建筑，而是"约柜"（the Ark of Covenant），即装着刻有"十诫"的书简和其他圣物的便携式盒子。这很适合于游牧民族，无论他们在哪里逗留，约柜都被保护在被人敬仰的帐篷中。但是，当犹太人定居下来，便建造了神圣的建筑：耶路撒冷的圣殿。据《I Kings》叙述（关于该建筑现存最古老的文字），人们被要求为"神"建造殿宇，而建造殿宇的荣誉使命归于公元前10世纪所罗门王。

庙址在神圣的摩利亚山，上帝曾在这考验过亚伯拉罕的忠诚，要求他牺牲自己唯一的儿子艾萨克（Isaac）。因此这里被犹太教认定为唯一的固有神圣之处。据圣经描述，神庙强调对称和华丽的装饰。两个青铜柱立在门口，圣物描上金边，雕刻的装饰没有神，只有天使、花卉、植物等神的创造物。

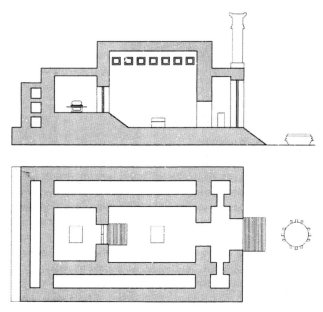

图 1.9   所罗门神庙，耶路撒冷，公元前 10 世纪（平面图和剖面图）

因为该寺庙在公元前 6 世纪毁于巴比伦人，所以这些文字描述显得尤为珍贵，使得寺庙整体设计的许多特征仍然可以重建。所罗门寺庙类似于埃及与印度教的庙宇，有一系列逐层限制进入的空间。游客登上一段楼梯来到入口前厅。在更远的一边是一个大的核心房间，在长端有一段台阶。这连接到犹太教放置圣属的最神圣的圣地。这里是最神圣的专属空间，只有大祭司可以一年进入一次。就像印度教的神圣洞穴一样，它也是最小的空间，提供与全能的"神"接触的私密空间。

该寺庙于公元前 6 世纪重建，成为数百年来犹太人宗教活动的中心。希律王在公元前 20 世对它进行了大修缮，但他扩充的寺庙只存在了很短时间。公元 6 年，犹太成为罗马帝国的一个省，同时罗马帝国要求所有臣民拜皇帝为神。不同于多神教教徒，这种要求对犹太人来说是一种亵渎。出于对他们古老信仰的尊重，罗马帝国给犹太人了独特的赦免，即不以皇帝为神。

然而，当犹太人反抗罗马朝廷时，帝国对此做出了严厉的惩戒。公元 70 年，罗马人摧毁了耶路撒冷的庙宇，仅留下部分基础（西墙）。135 年，犹太人进一步反叛，皇帝哈德良（Hadrian）抹去了犹太城市耶路撒冷。他在圣殿山修建了罗马三帝国的神庙，并从耶路撒冷驱逐了犹太人。犹太人从此开始了 500 年之久的与宗教圣地的隔离。

寺庙和神圣的城市遭到毁灭性打击，彻底地改变了犹太教的礼拜活动。仪式上的牺牲只能出现在不允许进入的寺庙，所以在寺庙中进行的祭拜结束了，强调研习《托拉》（《圣经》的头五卷）经文的礼拜成为主导。社区中被称为犹太教堂（在希腊语中称为"集会之屋"）的研习中心已经广泛分布，它们被用作公共祈祷，由一个"拉比"或老师主持。寺庙被破坏后，社区的研习中心成了犹太宗教建筑的主要形式。

犹太教堂不设限制，除了空间类似寺庙外，它对整个社区开放。室内为了方便公众研习和祈祷设置了座椅。同时设有被称为诵经台的高架平台和圣约柜，拉比在诵经台上宣读和布道，圣约柜用来保护和展示圣经的结构。圣约柜通常放置在面对耶路撒冷的那面墙，使犹太教堂成为地理和精神上的指南针，指向犹太教的圣地。

★ 基督教：集聚于建筑

流放产生了散居者（希腊语的"分散"），并且在国外通过隔离社区犹太教也成为信仰。同时在整个罗马帝国产生了新的犹太教派，认为拿撒勒是基督（希腊语中的"受膏者"）。基督教从犹太教中分化出来，失去了来自帝国宗教仪式的豁免，成为一个非法的地下宗教。在新教派形成的第一个世纪，它的信徒呈几何级数增长，尤其是在帝国庞大的奴隶群体中。基督教与佛教一样，重新定义了苦难的意义，颠倒了尘世与精神状态的关系。耶稣不是一位心血来潮、变化无常的神，他对不服从的人并不会惩罚。他将不幸看作"祷告"，是一个态度谦卑且充满苦难的形象。据说，他在被处决后复活了。这鼓舞了那些没有势力和权力的普通人民，给了他们在死后能获得拯救和荣耀的希望。

充满活力的宗教日益渗透到罗马社会，直到有一位皇帝的母亲成了基督徒，这位皇帝正是康斯坦丁（Constantine）。有一次他梦见自己在十字标志下行军并取得战斗胜利。在他真的实现胜利之后，公元313 年康斯坦丁使基督教合法化。到 380 年，基督教成了罗马帝国的国教。

原本"教堂"是指一群在任何可能的地方进行礼拜（通常是在一个成员的家里）的人。基督教的合法化使得宗教建筑的问题被提了出来：基督教徒做礼拜的房子应该是什么样的？可以像犹太教堂一样适应社区礼拜，并有讲坛或讲台般的诵经台，用于朗读和布道。也可以不像犹太教堂，因为基督教堂需要圣餐仪式的祭坛，重演基督最后的晚餐。在最后的晚餐上，基督宣布面包和酒是自己牺牲身体和血换来的。神职人员带着圣经，列队进出教堂。

在基督教的圣经中唯一提到"建筑"的内容是在《约翰启示录》中，描述约翰所见的"新耶路撒冷"，它是一个规模巨大，在阳光下颜色鲜艳的立方体，并且拥有十二个宝石镶嵌的珍贵大门，但这种说法并不切实际。罗马神庙提供了一种可能的模式，但像希腊神庙一样，它们的室内设计通常不是公共空间。更重要的是，它们在象征性上会引起反感，因为它们代表了"异教信仰"，是基督教精神上的敌人。一个较好的建筑类型是巴西利卡（basilica），一个有大的、纵向的内部空间的大厅。它的一端或两端有一个小的半圆柱空间，称为后殿，布置有祭坛和神圣的皇帝雕像。但巴西利卡更契合罗马的法律而非宗教，所以与异教徒的关联性最小。

　　罗马的第一座圣彼得教堂为基督教的礼拜改造了巴西利卡大殿。一段楼梯导向入口，进入围墙围和的入口中庭。在中庭的另一端是门廊（教堂前厅）保护下的进入圣地的门。内部是一个高的，柱子支撑的矩形主要空间（中殿），一个纵向空间中轴线从大门到后殿主阿塔尔成为游行过道。高高的窗户沿墙壁而上，天窗，把阳光带进高高的内部空间。它的共振声学效果和清晰线性视觉满足一个大型礼拜会的视听和参与。

　　尽管基督教强调谦逊，但早期教堂也因内部用黄金和华丽的大理石镶

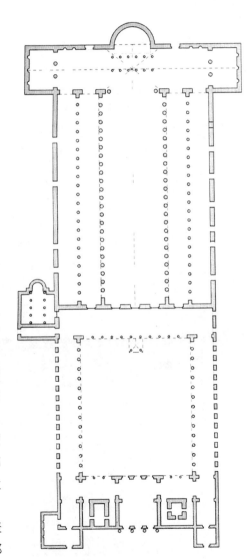

图 1.10　老彼得教堂，罗马，333—390

嵌而金碧辉煌。它们在多个世纪后成功地表达了自己的胜利，一个奉献的社会为荣耀的神奉献了最美好的。但早期教会的外观通常朴素无华，这种反差反映了基督教将身体看作内在光辉灵魂谦卑而短暂的外壳的态度。

★ 教堂成为奇迹：圣索菲亚大教堂和哥特式

康斯坦丁所影响的决策还包括在古希腊城市拜占庭建立新帝国的首都，它位于欧洲和亚洲之间的十字路口，并以他的名字命名该城市为君士坦丁堡。一个世纪之后，罗马帝国的西半部被部落入侵，但它的东半部作为拜占庭帝国却又持续了千年。其礼仪习俗和教堂建筑成为基督教和东正教遵循的传统。

最雄心勃勃的和有影响力的东正教教堂圣索菲亚大教堂（希腊语义"神圣的智慧"）位于君士坦丁堡，即现在的伊斯坦布尔。它建于6世纪早期，拜占庭皇帝查士丁尼（Justinian）一世将其作为主教所在的大教堂。就像一个巴西利卡，它的平面有一个封闭的中庭、入口门厅、纵向的中殿以及末端的后殿。该教堂的圣殿不是采用方格柱网，而是在拐角有不规则柱墩支撑的方形，同时在两端形成梯形空间。整个平面是

图 1.11　圣索菲亚大教堂，伊斯坦布尔，土耳其，532—537

中心有一个圆的类似曼陀罗的方形，那个中心的圆是穹顶。被一位早期的参观者形容为"悬挂于天空"的穹顶，似乎在一圈窗户上漂浮着，光从窗户倾泻到室内。圣索菲亚大教堂显示了教堂设计的两个新理念：夸张的穹顶把视线向上聚焦于一个形式，该形式的几何图形和光照暗喻了天国；穹顶下高耸的空间也定义了一条强有力的垂直轴，与朝向祭坛的水平轴相互平衡。这一转变使巴西利卡纵向平面变成中心集中式平面。

圣索菲亚大教堂运用大胆的工程、高耸的垂直度、天堂一样的光等因素，来营造一个鼓舞人心

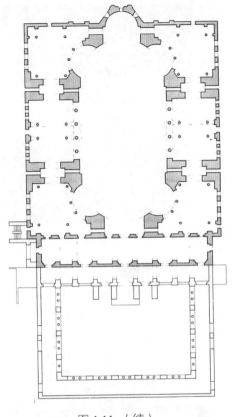

图 1.11 （续）

的，看起来不可思议的室内空间。在这里，基督教建筑通过设计，唤起了一种上帝存在的卓越感。教堂原先覆盖的马赛克是一种在今天已遗失的元素。其内部像早期的基督教和拜占庭教堂，布满了基督、圣徒、圣经故事和其他图像的描述。基督徒停止了犹太教对上帝的禁令，因为他把人类的形式作为主，使自己可见。像古希腊、印度教和佛教建筑，基督教教堂用图像来表达他们的信仰并援助崇拜。

圣索菲亚大教堂是一个基督教帝国的自信表达，这时西欧进入了一个长期的战争和动乱，阻碍了重大的建设。当这结束，西方建造者们发展自己的方式去使用戏剧性的垂直度、大胆的结构、丰富的艺术

图 1.12　大教堂圣母院（中殿内景），亚眠，法国，1220—1270

和光，在地球上构建了天堂的形象。

法国是首个恢复到足够稳定，以支持雄心勃勃建设的地区。到1100 年，建造者制作了比自罗马以来在西方见得到的任何建筑更大的石头建筑。这些熟练的设计师曾与阿伯特·苏歇（Abbot Suger）一起工作，阿伯特·苏歇是圣·丹尼斯大教堂的总管，巴黎外的一所本笃会的修道院。圣·丹尼斯教堂是法国的保护者，法国国王在这一重要的修道院里葬了 500 年。

阿伯特·苏歇研究了早期基督教哲学家的著作，著作中把上帝描述为光当重建教堂祭坛后面的区域（唱诗台）时，苏歇和他的建筑师试图用建筑来表达这一想法。他们带来了一些新的改革。一项是使用尖拱，而非圆拱来支撑屋顶。这个更垂直和稳定的结构形式意味着石头天花板可以由细长的柱支撑，而不是沉重的窗间墙和实体墙壁。不再把一个空间划分为小块黑暗的小室，唱诗台变得开放，而且更高、更明亮。更好的稳定性和高度容许设置更大的窗户，使唱诗台充满神圣的光明。

圣丹尼斯教堂中神学和技术的联姻，催生了"哥特式"，这个在林肯大教堂用到的建筑词汇。在几十年内，这个尝试性的重构成为一种遍及欧洲的风格，产生的空间就像神奇的圣索菲亚大教堂。不是一个漂浮的穹顶，哥特式的内饰比任何已建成的都高耸。巨大的彩色玻璃窗是又一项革新，带来了丰富多彩的、闪闪发光的空间，呼应了圣约翰关于新耶路撒冷的愿景。

一座哥特式的大教堂被认为是地球上的天堂，是基督教徒憧憬的伊甸园。利用 13 世纪所能够达到的技术能力，音乐、香气和仪式，使礼拜成为多媒体、多感官的体验。教堂也依赖于宗教的意象：建筑外部，特别是门道，布满了基督、圣徒、圣经人物的雕刻和其他的精神主题；建筑内部的壁画和彩色玻璃展示了宗教的人物肖像和故事。

在一个很少有人能阅读，宗教被古代语言管理的时代，教堂艺术帮助人们理解他们的信仰的人物、故事和原则。灿烂的建筑使信徒们相信，教堂是通往天堂的阶梯。

★ 新教：会议厅到大教堂

东正教与天主教的不同，主要是在政治上而非神学：东正教不接受罗马的主教作为基督教的领导者（天主教徒称他为教皇）。但是当一个名叫马丁·卢瑟（Martin Luther）的天主教僧侣在 1517 年抗议几十个教会的教义，这开启的新教改革，使西方基督教从此支离破碎。

一些新教运动保留了许多天主教信仰和宗教活动，就像英国的教会。林肯大教堂容易成为新教主教堂是因为英国"圣公会"有主教并使用传统的礼仪。他们也在很大程度上保持了天主教和东正教信仰，如基督是在圣餐仪式以面包和葡萄酒出现。"礼拜包括一个独特的神圣气氛"的理念支持着教会的建筑，这些建筑代表着特殊的荣誉，并从日常生活的现实中区分出来。

不同信仰的新教传统在崇拜空间上有不同的优先顺序。许多组织采用早期教堂的低调，并把精致的建筑视为华而不实的干扰。有一个叫公谊会（也叫"贵格会"）组织，以其朴素和平等的承诺著称。他们聚集在少有装饰的"会议室"。座位的布置使成员彼此面对面，经常在广场上而不是面朝突出的圣坛或布道台。贵格会的集会不是由神职人员带领，而是邀请信徒自由平等地分担。

图 1.13　菲利普·约翰逊，水晶大教堂，花园小树林，加利福尼亚，1977

　　一些组织认为最符合基督教的建筑形式是没有建筑，这一个想法表现在福音派传统的巡回宣讲和帐篷的复兴。在 20 世纪 50 年代，加利福尼亚南部部长罗伯特·舒勒（Robert Schuller）观察到，洛杉矶的许多汽车电影院在星期天的上午是空的。于是他成立一个汽车教堂，并在小吃店的屋顶传教。随着它超速发展，舒勒想保持这种户外经验，所以建筑师理查德·诺伊特拉（Richard Neutra）设计了一个"步入式，车入式"的教堂，在这里会众可以进入或留在他们的汽车里。

　　随着教堂继续展开，建筑师菲利普·约翰逊（Philip Johnson）提出了一个与众不同的解决方案。水晶大教堂的透明殿墙保持室内外视觉相连接，但它高耸且充满阳光的室内也使人联想起哥特式。舒勒的改革派没有主教，所以"大教堂"这个词是严格的建筑意义上的。圣地的设计体现了新教的重点，如中心是一个巨大的管风琴、唱诗班和布道坛，但没有祭坛。礼拜的空间显然是专为音乐和讲道，而不是正式的礼仪而设计。具有讽刺意味的是，水晶大教堂在 2006 年舒勒退休后经历了许多困难，在 2012 年被当地的天主教教区买入。经历一番内部改建后，在名称和建筑精神上，它被确定为基督大教堂。

　　建筑上，水晶大教堂的不同寻常在于有助于创造一个更广阔的现象：福音派的巨型教堂——一座有几千名会员的新教教堂。在得克萨斯州的休斯敦，雷克伍德教堂的圣地是比较典型的。它的 16 800 座的圣殿像没有窗户的茧，密不透风，与外部隔离，像寺庙的密室。这样的空间依赖于高科技照明、声音和投影系统，以支持巨大的人群。建筑意义上，雷克伍德教堂很难从世俗的礼堂区别出来，事实上，其主体建筑原本是一座体育竞技场。

一些新教教堂刻意用象征中立的建筑，来吸引那些避免传统教堂外观的人们。然而，像雷克伍德，也使用奇妙的视觉体验、音频技术和巨大的规模来获取像拜占庭和哥特式教堂那样戏剧性的崇拜。无论是通过高耸的穹顶和彩色玻璃，还是放大的音乐和数字投影的布道，基督教的建筑一直使用每个可能的技术推广其信仰。

★ 伊斯兰教：纪念碑、清真寺和陵墓

像佛教和基督教一样，最年轻的主要的"一神论"宗教还有伊斯兰教，它始于一位富有感召力的人。穆罕默德（Muhammad）生活在麦加，在 6 世纪末和 7 世纪初的阿拉伯半岛上。穆罕默德把犹太教和基督教作为祖先的信仰来尊重，但宣称只存在一个真主，即安拉。安拉的启示都记录在《古兰经》里面。伊斯兰，在阿拉伯语里意思是"臣服"。622 年穆罕默德和他的追随者离开麦加前往麦地那，他的伊斯兰教学说开始变得广泛传播。

伊斯兰教简化了"一神论"的教义和宗教活动的。犹太教的古代经文全集需要持续不断的研究和重新诠释。在 7 世纪，基督教已经发展形成了一套复杂的神学和权威的教会等级。相比之下，伊斯兰教可以概括为五大支柱信仰：①信仰一个神，并视穆罕默德为先知；②一天祈祷五次；③乐善好施；④在斋月期间从黎明到日落禁食；⑤教徒做一次去麦加的朝圣。伊斯兰教中最为基本的神圣空间是祈祷的地毯，它为信徒将任何环境都变成了一个暂时的个人避难所。

随着早期追随者征服新的领土，伊斯兰教进行了迅速传播。到 8 世纪，它延伸到西至北非，北至法国南部，东至印度和中亚的地区。638 年，穆罕默德死后仅仅六年，穆斯林军队占领了拜占庭的耶路撒

冷。耶路撒冷，这个耶稣被钉十字架并复活的地方，是基督教最神圣的地方。同时这也是伊斯兰教的圣地，因为在这里穆罕默德从圣殿山升上天堂。

穆斯林清真寺在这一地点开创了伊斯兰教的纪念性建筑。岩石圆顶清真寺镀金半球形拱顶罩在八角形的台基上，也是典型的拜占庭式形式。它还继承了拜占庭精心而丰富多彩的装饰制作。然而，像犹太教一样，伊斯兰教有训导称："圣贤以具体人形出现被视为亵渎。"穆斯林的装饰包括复杂的几何形和植物图案。其神圣装饰形式之一是经文:《古兰经》成段的经文被以娴熟的书法写到建筑上。

图 1.14　岩石穹顶，耶路撒冷，687—691

最为普遍的伊斯兰教建筑类型是清真寺。它的名字来自于麦斯吉德（masjid），在阿拉伯信众鞠躬的地方，因为穆斯林祈祷需朝向麦加方向鞠躬。清真寺为公众星期五祈祷提供了空间，这个时候信徒能够听到《古兰经》和接受伊玛目（领导人）的教导。始建于 670 年，位于突尼斯凯鲁万城的奥克巴清真寺是一座典型的清真寺，可见到诸多经典元素。其最突出的特点是被称为"叫拜楼"的塔和平面中坚实的方形。叫拜楼是一个可见的地标和传播声音工具：歌者（报告祷告时刻的人）从塔顶召唤祈祷者。像一个钟塔，高度增加了声音的可达性。

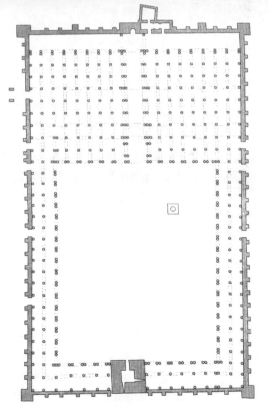

图 1.15　大清真寺，凯鲁万，突尼斯，836—875

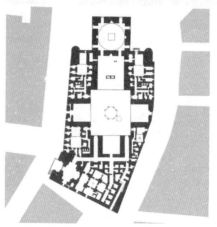

图 1.16　苏丹哈桑清真寺，开罗，1356—1363

　　大清真寺的厚重的围墙框出巨大的庭院。在它的南端是一个带有敏拜尔（清真寺殿内抬高的宣教台）的祈祷大厅。其长边侧壁朝向麦加方向上设有米哈拉布（mihrab），即放置《古兰经》的龛。经文的展示朝向神圣的城市，并令人联想起妥拉（圣经旧约前五卷）的方舟。像基督教堂或犹太教会堂一样，清真寺也必须可以容纳一个大社团。凯鲁万的大祈祷厅也有密集的柱网支撑其屋顶，但这也遮挡了伊玛目的视线。这样的多柱厅存在于许多早期的清真寺，表明在伊斯兰教中听觉比视觉更重要。

　　14世纪位于埃及开罗的苏丹哈桑综合体，囊括了清真寺、学校、医院、宾馆和其他的功能。综合体的周边遵循城市的街道不规则的模式，但其中最大的十字形内部空间与街道不同，它们是清真寺，并指向麦加。中央的空间是一个露天庭院，最具特色的是其中心的喷泉。很多宗教将水和精神的纯洁联系在一起，如印度教和恒河、基督教的洗礼、犹太教浸礼池，清真寺为祈祷前的洗礼提供了水。

　　苏丹哈桑清真寺是完全露天的空间，它的主要祈祷厅是在一个叫作"伊旺"（iwan）的拱形龛里，该龛是围绕庭院周围四个中最大的。从城市来看，清真寺的空间是不可见的。其最显著的形式是一个实体砌块的立方体，带有一个光滑的拱顶和两个宣礼塔。在朝拜和麦加之间，它是为了歌颂清真寺的统治者而建立的，虽然他从来没有葬在那里。

　　伊斯兰教的宗教建筑元素被广泛用于三大洲（亚洲、欧洲、非洲）的各种建筑风格。其中一个特别优美庄严的版本是为萨法维帝国统治者服务的，即位于伊斯法罕的国王清真寺（现在称为伊玛目清真寺）综合体。其显著的特点是精巧的球形圆顶拱门、布满雕刻的"伊旺"拱顶以及纹饰丰富、以海蓝色为特色的釉面砖的表面装饰。这种精密的风格启发了我们讨论的第一座伊斯兰建筑——泰姬陵。

　　印度北部穆斯林统治者建造的泰姬陵，被置于伊斯兰和宗教建筑（见图0.3）的关系中研究，会得到更多的含义。这是如苏丹哈桑一样的穹顶陵墓，为泰姬·玛哈尔（Mumtaz Mahal）而建造，她是沙贾汗（Shah Jahan）的妻子。泰姬陵设计的特点是有许多相似的元素，其外部的壁龛都是拱门，四座尖塔让人想起宣礼塔。其独立的对称组团是对岩石圆顶清真寺的呼应，穹顶和"伊旺"拱门的轮廓模仿了几乎同时代的伊斯法罕。精致的装饰物遵循严格的几何化和植物纹理，书法装饰的四个入口包括《古兰经》对天国（波斯语意为"有墙围合的花园"）的描述。整个设计的中心位置从地面抬升，这个中心点与一位享有荣誉的个人的埋葬点相重合，其中的大理石和半宝石的镶嵌工艺显示了对祭祀的忠诚。为纪念一位受人爱戴的王后设计神圣的空间，泰姬陵部署了多种策略。几个世纪之后，其成果依然吸引朝圣者。

★ 争夺神圣空间

几百年后，神圣的空间和建筑设计能产生共识或冲突。耶路撒冷对于犹太教、基督教和伊斯兰教的神圣，也催生了几个世纪的争端。当这个城市在穆斯林的控制下，犹太人被允许返回，但不能重建他们的圣殿，因为这是穆斯林的圣地。十字军东征期间，来自西欧的中世纪军队试图为基督教夺回圣地。以色列作为犹太国家在 1948 年开始建立，也同时开始了数十年的重建和无法解决的争端。使耶路撒冷成为共有的宗教城市的重复提案，并没有解决同一块圣地的相互竞争，两相排斥的声明的矛盾。

耶路撒冷圣墓教堂显示，单一（裂隙）的宗教传统在宗教空间也有棘手的冲突。该教堂建在康斯坦丁，这里是纪念耶稣受难、埋葬和复活的地点，教堂几世纪以来是基督教最神圣的朝圣目的地。

此外，一些基督教新教的朝圣者发现，充满了金色边框的艺术品和圣坛的教堂，审美上与教义如此的疏远，以至于他们把它当作赝品而拒绝接受。今天许多人更喜欢尊崇简朴的 1 世纪的耶路撒冷墓（"花园墓"）作为耶稣埋葬和复活的真实现场。抛开历史准确性的问题不说，这两个地址都反映了关于基督教最神圣的空间应该是什么样的不同观点。当利害关系达到最高的时候，我们的分歧最强烈。建筑物深刻体现了对生命、死亡与神的意义信仰，同时也激发了归宿感和特别的尊重。然而，它们也是最常见的建筑类型的表现形式——家。无论是辉煌的还是卑微的，"家"被视为上帝的房子、信仰共同体或死亡共同体、灵魂的建筑，反映了我们的最高理想，也直接关系到更多现实的东西，即我们如何庇护我们的家庭。

扩展阅读

1. Bartle, Thomas. *Spiritual Path, Sacred Place: Myth, Ritual and Meaning in Architecture*. Boston: Shambhala, 1996.

2. Bharne, vinyak and krupali krusche. *Rediscovering the Hindu Temple: The Sacred Architecture and Urbanism of India.* Newcastle upon Tyne: Cambridge Scholars publishing, 2012.

3. Blair, Sheila and Jonathan Bloom. *The Art and Architecture of Islam 1250-1800.* New Haven: Yale University Press, 1994.

4. Cannon, Jon. *The Secret Language of Sacred Spaces: Decoding Churches, Temples, Mosques and Other Places of Workship around the World.* London: Duncan Baird, 2013.

5. Ettinghausen, Richard,Oleg Grabar ,and Marilyn Jenkins-Madina. *Islamic Art and Architecture 650-1250.* New Haven: Yale University Press, 2001.

6. Hurwitt, Jeffrey. *The Athenian Acropolis: History, Mythology and Archaeology from the Neolithic Era to the Present.* Cambridge: Cambridge University Press, 1999.

7. Jarzombek, Mark. *Architecture of First Societies: A Global Perspective.* Hoboken, NJ: John Wiley&Sons, 2013.

8. Kostof, Spiro. *A History of Architecture: Settings and Rituals.* New York:Oxford University Press, 1995.

9. Mitchell, George. *The Hindu Temple: An Introduction to Its Meaning and Forms.* Chicago and London: University of Chicago Press, 1977.

10. Müller, Hans. *Ancient Architecture.* Milan: Electa, 1980.

11. Roth, Leland. *Understanding Architecture*: *Its Elements, history and Meaning.* Third edition. Bouder: Westview Press, 2014.

12. Sebag, Paul. *The Great Mosque of Kairouan.*Trans. R.Howard. London: Collier-Macmillan, 1965.

13. Wharton, Annabel. *Selling Jerusalem: Relics, Replicas, Theme Parks.* Chicago: University of Chicago Press, 2006.

第二章
住宅

对我们许多人来说，"住宅"这个词让人想起精心修葺的花园里的独立的结构，如图 2.1 所示。这似乎是为一组关系亲密的人而存在的独户住宅，而不是为多个家庭或无关的陌生人准备。然而，这个经典的殖民复兴是一所"假的"房子，没有人曾经住在那里。它位于洛杉矶环球影城，是用于电视节目的一处布景，被用于包括《天才

图 2.1　殖民复兴风格房屋，环球工作室，洛杉矶，加利福尼亚，1949

小麻烦》（1957－1963 年）、《绝望的主妇》（2004—2012 年）等故事片，甚至街舞视频。好莱坞模仿典型的北美房屋设计了它，然后用它来延续一种建筑风格的范例或模式。

　　我们可以选择"认同"或者"不认同"独户住宅，但北美媒体经常将其呈现为标准住宅，虽然这种家庭仅仅是美国许多建筑类型之一。然而，在美国文化中，它的尺寸几乎是神圣的。这是奇怪的；毕竟，相比于寺庙和教堂，房子是家常便饭。然而，两种建筑形式是相关的：上帝的房子正是人类家园夸张的版本。犹太教堂、基督教堂和清真寺都是容纳宗教信仰的家园，它们也都开始于古代近东（近东是欧洲人指的亚洲西南部和非洲东北部地区，但伊朗、阿富汗除外。）住宅的起源，是独户住宅建筑和文化谱系的一部分。

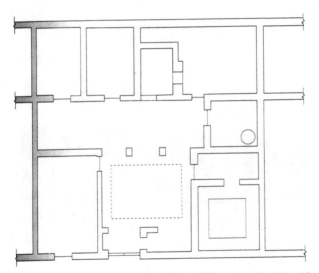

图 2.2　平面，住宅 VII.4，奥林索斯，希腊，公元前 430—前 350

★ 希腊 - 罗马的庭院式住宅

　　在希腊奥林索斯（Olynthos）岛一座古老的住宅，与殖民复兴风格有明显区别。根据建筑的基础和物品，它的平面被再现了，这个平面布局最大限度地显示了与外面世界分隔。四周的围墙只有其中一面向城市打开，它有两扇门临街；两侧是与别人共用的隔墙；而背后的墙紧邻一条狭窄的胡同。

正中的门穿过前庭进入到露天的庭院，庭院另一端有两柱子。另一个房间向街道和庭院开放，很适合用作商店或是办公室；这所住宅包括私人住宅和公共商业空间。在右下角的房间，由另一个门廊进入，房间有漂亮的马赛克地板。这个正式的空间是用来就餐和宾客娱乐的地方。它的名字（andron，源于古希腊的"男性"）显示了房屋是根据性别划分的。家里的男人们在房屋的前半部分接待客人，而受人尊敬的妇女们在内宅过着隐居的生活，那庭院柱子后面的区域和上部的楼层，是做家务的地方。

奥林索斯住宅位于在矩形的住宅街区，有近乎方形的外轮廓。意大利南部的庞贝古城的模式却不同。庞贝由希腊殖民者建立，但在文化上属于罗马，于公元 79 年被埋没。其内向型的住宅也由露天的中

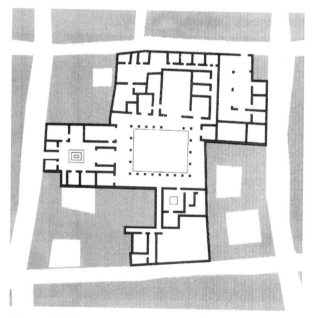

图 2.3 平面，米南德住宅，庞贝古城，毁于公元 79 年

庭获得光线和空气，还包括有沿街入口的商店。然而大多数庞贝的住宅都有不规则的外轮廓，如米南德（Menander）住宅，它是业主购买相邻空间，并与原来的家连接起来逐渐扩大的。

我们从米南德住宅的尺寸了解到，它是贵族家庭的住所。高大的联排住宅有两种类型的内院，第一种是远离主要入口，有一个带下沉水池的中庭，用于收集雨水；另一种是廊柱花园，即由柱支撑的柱廊环绕的庭院。不像独栋住宅是花园中的房屋，联排住宅是由房屋围和出花园。

联排住宅不再依据性别划分，而是依据社会阶层，因为罗马妇女比希腊妇女有更多的自由。最里面的区域仅限于至交和受邀请的客人，而中庭和相邻的房间在男性户主接待客人的时候，进行上午"问候"时，对所有人开放。他的家庭包括几代人的亲戚、付薪的佣人和奴隶。对于表达敬意和寻求帮助的人来说，他同时也是一位庇护者。这些人在收藏家族记录的家谱室内被接待，家谱室从入口穿过中庭可以看到。

联排住宅有着强烈的公共维度，但其规模从街上是看不到的。除了它大而华丽的主入口，作为一个"家"的特征仅仅反映在内部。它的中庭和花园的大小，房间的数目，马赛克的地板，色彩丰富的壁画都象征着家庭财富和地位。米南德住宅的靠街道的房间的确有几扇窗户，但它们都是很小，很高，并用铁条和百叶保护起来。优雅的住所也为躲避危险和肮脏的城市街道提供了庇护。

★ 城镇和乡村：别墅和府邸

享有特权的古代城市居民经常为乡间别墅离开他们豪华的联排住宅。别墅原本是为农业生产服务的综合体。渐渐地，贵族将乡间别墅（一个乡村家庭农场），变为更豪华的隐居所。一些贵族也建立了靠近城市郊区的别墅。不同于联排住宅在密实的城市街区专注于开创内向的空间，别墅则是一个可见的对象并对其景观开放。保存的画作中罗马别墅的特征是有宽大的翼屋和开放的柱廊。宽大的窗户、阳台和门廊提供了享受新鲜空气和乡村或海景的平台。

古罗马贵族称他们的别墅为"回春术"，即用来恢复活力的地方。他们的快乐依赖于农民和奴隶的劳动，也依赖于罗马军队在帝国遥远的边界和诸多道路上的防御。物理上开阔的乡间住宅也许是一道风景，但也是很脆弱的。在罗马帝国败落的5世纪，欧洲孤立的贵族居所变成地理位置险要的设防的综合体，也就是城堡，不再是安逸的隐居所。

到了13和14世纪，持续的稳定复苏了西欧的城市，在那里，制造业和贸易促进了财富创造。意大利中部的佛罗伦萨城，由强大的、有竞争力的几个家族支配，他们控制着自己的社区。当竞争变得激烈时，每个家族都有一个为安全设置的防御性高塔。一个被称为凉廊的露天门廊，为家族的庆典和事务提供公共的舞台。这些地标以及家族的冠饰宣示了谁拥有特定的区域。

家族位于一栋多层城市住宅，称为府邸。家族的功能分布在垂直的楼层里，有公共的事业底层和上部的居住空间，环绕着开放的庭院（称为中庭）。像联排住宅一样，它可以容纳一个庞大家庭的亲戚、同事和仆人。比邻街道的二楼是主楼层（"贵族层"），拥有最大的、为重要客人准备的最气派的房间。这以上的房间给家庭成员使用。仆人们睡在阁楼，在地下室的厨房里工作。

也像联排住宅一样，中世纪府邸的外观在所在的城市街区中，往往难以从邻近的住宅区分出来。但正如许多佛罗伦萨的家族，在14和15世纪期间变得更加富裕后，他们为各自的私人府邸修建令人惊叹的石材立面，与众不同的"脸面"，让这些豪宅从街道上就可以辨认。

位于佛罗伦萨偏僻位置的美第奇（Medici）家族，在国际银行业大赚了一笔后，开始与一些长期控制城市的古老中心的老牌家族竞争。美第奇家族不试图挤进年老的、拥挤的邻里社区，而是投资于城市边缘的新开发区域。在那里，他们购买地产，并在两个大教堂出资做项目。在一个从大教堂可以看见的显要角落，他们以一所划时代的住宅宣称拥有了这一社区。

美第奇府邸沿袭传统模式，在垂直方向上房间围绕中庭布置。然而它所在的低密度的社区允许一个规模空前的住宅得以实现——大约

4 000 平方英尺（3 700 平方米）——这使其竞争对手的家相形见绌。不像老的、改建的府邸，其全新的建筑以一个完美的正方形的中庭和有序的平面为特色。这一规律性是通过沿着昂贵的石头立面，间隔均匀的窗户展示的，石头立面上部还盖有巨大的木质挑檐。美第奇家族的客户等待见他们的老主顾时，沿着人行道的长凳为他们提供了座位，这延续了古罗马的传统。

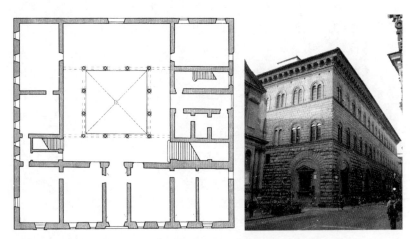

图 2.4　米开罗佐·迪·巴多罗米欧（Michelozzo di Bartolomeo），美第奇府邸，佛罗伦萨，始于 1444

　　美第奇府邸没有建塔，但 80 英尺高的宫殿即安全又视野很好。它底层的楼角最初作为公共门廊开放，后来被封闭。不久，美第奇家族强大到足以忽略当地传统。尽管他们位于佛罗伦萨周边的巨大的宫殿昂贵得吓人——花费了数倍他们帝国的年收益——但投资收了回来。许多家族企图通过抄袭建设类似的府邸，跟上美第奇的生财之道，但没有一个用同样的方法受益，有的甚至破产。

　　府邸就像联排住宅，容纳一个大家庭并安置其事务和社会利益。我们关于个人隐私的概念在古代是不存在的，但最恢宏的新宫殿也包括一类为供主人单独使用而设计的空间。一个小壁龛，通常有别于主卧室，被称为"工作室"，是一个人的私人书房。一个为古比奥公爵

47

建造的工作室，现存于纽约的大都会博物馆，其装饰着精致的木质嵌花镶板。它的嵌饰图像描绘了装满书的书柜和科学的器具，展示了主人的博学，刻意传达他个人的身份，而非家庭身份。

当15世纪的意大利人逐渐地把他们的生活和古罗马的生活相对比，这种现象被称为文艺复兴的文化现象。贵族们想知道他们的农庄和城堡是否能够成为古人所描述为"别墅"（这个词重新流行且很快应用于像位于卡法鸠罗的美第奇农庄的乡村地产）。它坚实的高墙；为数不多的狭小窗户，防御性的塔群，更像典型的城堡，而非一座古老的乡间隐居所。

然而，随着佛罗伦萨变得更加强大和安全，别墅设计也在变化。后来在波焦阿卡伊阿诺的美第奇别墅有更多、更大、对称布置的窗户，还有一个有柱的门廊装饰着主要的入口。这样的住宅成为被赞美的对象，其欣赏风景的平台，像是从波焦卡亚诺升起的台地那样的空间看风景。这种结构的建立最大限度地为一系列的环境提供了背景：在墙内有种植的场地、草坪、种满植物的河床，另有一个围墙内有精美的几何构图的种植花园用于娱乐。

现代别墅是人控制自然的尝试，这里说的自然不是原始的自然，而是被条理化和被管理的自然。其中最著名的例子是安德列·帕拉第奥（Palladio）设计的位于意大利维琴察附近的圆厅别墅。这座别墅俯

图 2.5　安德列·帕拉第奥，圆厅别墅，维琴察，意大利，1567—1570

瞰周围，可从所在的山顶位置眺望河谷。这完全对称的房子是理想化的完美对象，既是景观的衬托又是可以观看风景的平台。像波焦卡亚诺一样，该别墅的形式包括了欣赏自然的空间，其四面带柱的围廊。我们可以从房子里欣赏风景或者从花园中欣赏建筑，但设计让这两个区域有着区别。

帕拉第奥的其他别墅设计模糊了房子和景观之间的界限。在他的巴巴罗别墅中，长的翼楼延伸到花园的拱形门底层柱廊，并支撑起上部的私密花园。这些元素同时塑造了建筑和景观。我们可以将这些不同的方法应用于不同的用途，圆厅别墅是威尼斯主教的周末社交居所，而巴巴罗别墅也是一个农场。这个建筑的侧翼也容纳了实用的农业功能。

★ 国外的别墅：英国与美国南部

帕拉第奥写了一本广为流传的书，对他的设计进行了分类。有一个对其狂热的人是18世纪的英国贵族李察·波义耳（Richard Boyle），即伯灵顿伯爵，他在建筑上有强烈的兴趣。像大多数的贵族一样，伯灵顿的生活区域包括主要为他提供财富的乡村庄园和伦敦的市内住宅，在城市里他参与国家政治和以阶级为基础的社交仪式。但帕拉第奥的"快乐别墅"启发他设计第三处住宅，该住宅位于他的约克郡庄园和宏伟的城市宫殿之间，这是一座优雅但相对较小的郊区山庄。

伯灵顿的奇西克住宅改编自圆厅别墅，是一个隐居所，用于放置他的艺术收藏，同时它也是一座图书馆和建筑工作室。伯灵顿称它是"缪斯之屋"。在希腊神话中，缪斯是主司艺术与诗歌的女神。这是他追求个人兴趣而非公共义务的地方。虽然在我们看来这是家族规模的（大）房屋，但奇西克住宅表达了伯灵顿的个人兴趣，并为他提供了个人别墅尺度的工作室。

欧洲贵族如伯灵顿的家宅，是美国南部的种植户的房地产建设的典范。著名的美国早期的政治家托马斯·杰弗逊（Thomas Jefferson）

也是一位业余建筑师，他分享了伯灵顿对帕拉第奥的致敬。在几十年
的时间里，杰弗逊设计、建造了许多项目，并又重新设计了蒙蒂塞洛，
该住宅位于他在弗吉尼亚的种植园。就如伯灵顿的别墅，蒙蒂塞洛的
主屋把圆厅别墅看作设计"先例"或典范，它模仿了圆厅别墅的柱式
门廊、顶端的穹顶和所占据主导性的山顶位置。但是如果我们从西立
面看，它紧凑的单层形式看起来并不会过大。然而，这是欺骗性的，
杰弗逊的设计伪装成了一个可以安置超过二十多名亲属、客人和员工
的结构。它以两个横向 L 形扩展了主层上部的两层，地下一层的翼楼
半埋在地下。屋顶有带栏杆的走道可以观赏周边的景观。

图 2.6　托马斯·杰弗逊，蒙蒂塞洛，西立面，夏洛茨维尔附近，
弗吉尼亚州，1768—1809

　　蒙蒂塞洛的社区也还包括奴隶，一般八十个以上。不像古罗马
奴隶制是政治型的，这是人种型的，新大陆（指美洲）的奴隶几乎全
部来自非洲西部，因而其人种和奴隶主不同。联排住宅在一扇门后安
置一个复杂的家庭，而像蒙蒂塞洛这样的大种植园，是按照身份地位

和种族在建筑上划分其居住者的。主人的家人住在更宽敞优雅的房屋里。一些以料理家务为主的家奴住在这栋主屋的阁楼或地下室，但其象征性的设计只与白人居住者相关。大多数为主人创造财富的奴隶是居住在分散的、粗陋的小屋，如桑树排屋。那些明显劣质的房屋强调了奴隶较低的身份，并象征性的把他们和主人家庭区分开来。

这是典型的南方种植园种的关系。但是蒙蒂塞洛的底层的服务性的翼楼是不寻常的元素，其中包含马厩、厨房、洗衣房、食物储藏和家奴的宿舍。这定义了建筑的表达，奴隶劳作的世界既是一个隔离的、等级低的区域，又是主要房屋的支持。蒙蒂塞洛的组合形式构建了一个即分离又联系的、相互依存的、不同区域的等级制度，也承认了上部的雅致生活方式的家是如何完全地依赖于下部劳役的世界。

蒙蒂塞洛认为，住所或宫殿是杰弗逊作为一个复合家庭的族长和政治人物的职责的公开舞台。但这座容纳几十个人的房子终究是"他的家"，作为业主和建筑师的家。邻近卧室的私人书房放置了他做机械发明需要设备，这些发明他通常需要人帮忙，所以这些不足以满足杰弗逊独处的渴望，这也启发了他后来在杨树森林的隐居所。我们可以从蒙蒂塞洛的设计发现社区和个体的张力，不论是一所供很多人住的房屋还是供一个人住的许多房屋。

★ 民主、健康和城市的租户

虽然杰弗逊的住宅小心地护卫着他的个人隐私，但他认为家庭建筑不只是个人问题，还是对年轻共和国至关重要的问题。他认为只有经济上独立的选民，才能为他们的良知投票，因为如果我们受雇于人，我们自然会考虑我们的雇主的利益。因此民主需要一个"自耕农"国家，即像他自己那样能够通过自己的土地自给自足。伴随着他的那句"人人生而平等"，杰弗逊的"独立性"依赖于被他奴役的人民，这是他性格中的诸多矛盾之一。建筑上，他的思想为一个普遍的概念引入了动力，美国人应该住在一个被自然所环绕的独立住宅里，这是健康、自由和美德的源泉。

　　这一理念体现了美国早期的人口特征：1820年人口的主体是农民，而超过90%的人生活在2 500人或更少的社区。然而政治和经济的力量集中在国家迅速增长的城市。从1820年到1870年，美国人口超过25 000人的城市从5个增加到45个。全国最大的城市纽约市，从1820年的150 000增加到1870年的百万人口。

　　乡村比城市更安全、更健康的假设是情有可原的。由于纽约接待了成千上万贫困的欧洲移民，其生存环境变得拥挤不堪。先前的中产阶级住宅被细分，在为一个家庭设计的空间里挤进了许多家庭。其他的都被新的多层、多个家庭的小型出租公寓替代。

　　城市里狭窄、纵深的地块没有足够的宽度设中央庭院。早期的住户有一个高大的、狭窄的立面朝向街道，一个小的立面对着胡同，在两者之间有露天的堆场院子。院子为朝向院子的房间提供了采光和通风，但也容纳户外厕所和成堆的垃圾。甚至更糟的是，共用隔墙上缺少窗户，完全没有日光和空气进入。后来的"铁路"公寓，巧妙地消除了臭的院子，使整个位置得以出租。其实心的体块也意味着几乎所有的房间都没有窗户，只有令人窒息的恶臭和黑暗。

　　1879年，一条法律人性化地要求所有的公寓房间要有窗户，所有的建筑物都要有室内水管。由此产生的"哑铃公寓"满足了这个要

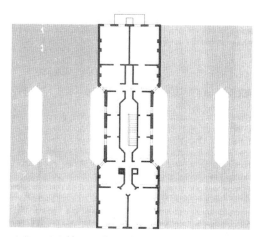

图2.7　平面，"哑铃"出租公寓的平面，纽约，1879—1900

求，它每层带有两个抽水马桶，并用铅笔般窄小的天井取代了共用隔墙。然而，这些难以见光的中庭很快就被垃圾所充满，使得通风不尽人意。无论设计如何，因为供不应求，纽约的公寓持续拥挤不堪，租金居高不下，还有的家庭为了生活，在他们的小公寓里转租房间。

富裕的居民向着北面的中央公园搬迁。中央公园在 1850 年后兴建，旨在提供一个健康的自然环境，以抵消城市具有的缺陷和疾病。但微生物的发现很快显示，包括许多出租公寓在内的物体——人造的消耗品都可能成为传播疾病的地方。日益加强对公共健康的关注，强化了这个概念，即最健康的住宅在城市以外。

★ 正确的住宅

无论是富人、穷人还是中产阶级，大多数 19 世纪的美国人认为，处在一个花园中的独栋住宅才能够提供最安全、最快乐的生活。这个"美国梦"也是借鉴了当时英国的主流思想。大英帝国使制造业、贸易和专职的更加繁荣。这也使得一大部分城市中的中产阶级开始向往从前贵族的乐趣，就比如时常逃避到一个带园林背景的乡村家园。

为顺应这样的需求，资产阶级的紧凑型别墅（资产阶级指生活小康的城市职业人士）被发展出来。这样的住宅比伯灵顿的"独栋"的隐居所更加低调，但对一个中产阶级家庭及其仆人已经足够。建筑师彼得·罗宾逊（Peter Robinson）关于别墅设计的书为读者提供了十二种住宅的风格，配以树木、草坪、灌木、和山丘，这强化了对园林背景的预期。相比奇西克住宅或蒙蒂塞洛住宅，该选择提供了定制设计和统一重复型设计之间的折衷。最终的产品始终表达了主人的品味和个性。

这样的英国郊区别墅通常是周末的隐居所。在美国，它们成为一种理想化的居住形式。鲁滨孙类的书籍启发了安得烈·杰克逊·唐宁（Andrew Jackson Downing），他是一名来自纽约州的景观设计师，为全日制的家庭生活提供改良别墅。他的书《乡村住宅建筑（1850）》，提出了一系列的家庭规模和风格，以适应业主在生活中位置。唐宁指出设计是家庭男主人的身份的表达，但发现了住宅在宗教意义上更广泛的社会角色。他写道，一个有着"微笑的草坪和雅致的农舍"的国家提供了秩序和文明，并"保持国家道德的纯洁"。[1]

对唐宁来说，从根本上定义"好住宅"的条件是位于一个有序健康的自然环境里。他的住宅样本设计以附带有屋顶门廊为特色，常常带有宽大的阳台，旨在增加与景观的有益联系。他的言论巩固并简化了杰弗逊的信息："真正的"美国人是生活在一所带有花园的房子里。

★ 女人的世界与郊区的梦幻境

具有讽刺意味的是，鉴于唐宁对住宅男主人的强调，19世纪的美国家庭越来越多地被定义为女性的领地。维多利亚时代的性别观念认为，虽然男性在身体上更强壮，但在道德上比女性软弱。男人属于威胁城市中工业、金钱和政治的野蛮世界。"真正的女性崇拜"坚持认为，女性是纤细的、灵性的生物，应该为儿童提供一处庇护的圣所，这也使沉浸在城市资本主义污秽中的男人们得到新生。真正女性的自然领域是住宅，在那里她作为女祭司主持守护民族的身体、道德和精神健康。

维多利亚时代的标志性家庭更强调身体的隐私，即使是在一个家庭中。19世纪晚期的"安妮女王"式（"Queen Anne"-style）的房屋特征是不规则的炮塔群、凸窗、天窗和山墙，内部空间复杂，划分成多个封闭的卧室、客厅、书房。这些使它有可能按当时标准的礼仪以区分不同的性别和辈分。显然这些也表达了一个由不同的个体组成的家庭，而不仅仅是一个人领导下的集合。

美国许多贫困的妇女一直为支撑她们的家庭而工作，并不容易履行这一规定的角色。但不论如何，到处都泛滥相同的文化信息：城市多户住宅代表着贫穷和道德沦丧的危险，而分开的独户住宅意味着繁荣和尊严。整个19世纪，新出现的有轨电车和铁路，让更多的家庭生活在这样"最好的"环境中。郊区的发展允许男人们每日往返到城

---

[1] Andrew Jackson Downing, "The Architecture of country Houses," in H.F. Mallgrave, ed., *Architecture Theory Vol. I: An Anthology from Vitruvius to 1870*(Malden, MA: Blackwell, 2006), p464.

图2.8　安妮女王的房子，费尔菲尔德（Fairfield），爱荷华州，1896

市工作，而女人和孩子则待在花园围绕住宅的相邻的地块里。

随着运输线的发展，在美国内战（1861—1865 年）后不久，大规模的迁移至郊区的趋势变得迅速。繁荣导致道路和郊区的住宅也是为城市中现代意义的工人而建，城市周边的有轨电车建设使工厂工作在可及范围内，但距离工厂的烟囱又足够远。密集的带小庭院的独户住宅使公共交通站点尽可能多的人能步行到达。这些住宅因为经济承受能力的原因，面积小且通常基本相同。虽然效率更高的联排式住宅更经济，但在象征意义上，联排式住宅属于城市工人，而独立的郊区住宅业主与中产阶级联系在一起。它没有共用的隔墙，但有一个小小花园，使买家继承了杰弗逊理想，充分参与了美国梦。

在有轨电车线沿线更远的位置，是树更多、密度更少、住宅更大的社区。曲线的街道模式和充足地块的低密度的发展，被称为"风景如画的领地"。不同于城市街区里复杂的社区与街道整个混杂在一起，或是邻居们能够相互听到对方谈话的密集内环郊区，这些地区的住宅区是漂浮在宁静花园中的岛屿，还有常住人的家庭别墅。

这些地块大部分在经济上具排他性，地块昂贵并规定要求只能建造有尊严的大房子。虽然多数家庭都有个性化的设计，但总体上的形象是富裕居民一致的豪华住宅。许多精英的郊区发展也通过"限制性公约"禁止某些群体的居住。非裔美国人最常被排斥，美国东北部城市也禁止犹太人和意大利人，加利福尼亚可能是排斥墨西哥人和亚洲人。精英们风景如画的领地为它的居民提供一致的、单色的繁荣假象，与19世纪后期不断加剧的贫困和种族多样性的复杂现实形成了鲜明的对比。

★ 住宅与市场

除了带有其他许多文化角色，美国的住宅还是商业产品，是部分私人市场的房地产所有者和建设者，只有有限的政府参与。19世纪末到20世纪初，住宅甚至可以通过芝加哥百货西尔斯罗巴克公司（Sears and Roebuck）邮购定制。一整套元件由火车运达，从预先切割的木材到硬件和灯具，由一名本地建筑工人在基座（不包括在内）上组装完成。像唐宁一样，西尔斯为每一种风格和预算提供方案，从简陋的村舍到配得上种植园的庄园大屋。

如果说选择一所住宅是一个非常私人的决定，但是住房却是共同关注的问题。业主如何管理自己的财产影响一个社区的健康和安全，关于可接受的"家"的问题塑造了社区的社会经济组成。在美国，私人住宅市场持续生产了大量的中、上阶层的住房。但纽约拥挤且不安全的公寓表明，针对穷人的私人住宅市场往往是敷衍而不足的。

鉴于此，政府被期望扶持低收入家庭。但美国的房地产、建筑业和银行业的利益与政府的房屋所有权一直相抵制。他们把这看作是不公平的竞争，认为公共提供体面且负担得起的公寓，将减少激励机制让住户去存钱并进入私人住房市场的，而这是他们利益的来源。这个问题长期未受到足够关注，部分原因是因为美国人相信，任何努力工作的人都会取得成功并逃离贫民窟。从理论上说，贫困是一种暂时的、激励的条件或者是懒惰的证明。

这一观念在大萧条时期开始出现了问题。1929 年股市崩盘后的经济崩溃造成了美国全国范围内的危机以及对自由市场的普遍疑虑。共同的痛苦有助于确保每个人都有安全、健康生活之所的政府角色获得越来越多的支持。提倡住宅权的倡导人士凯瑟琳·鲍尔（Catherine Bauer）在她 1934 年出版的《现代住房》一书中写到，私人的住宅市场是不充分的，她也批评美国人对独栋住宅的偏好。她支持集合住宅建筑或联排住宅，认为其更有效地利用土地和建筑材料，可以以更少的钱，为更多的家庭提供住房。

鲍尔参与撰写了 1937 年的《住房法案》，该法案为城市提供联邦的补贴，用以建设低收入住房。但是二战带来的是更多的政府直接参与。联邦协调的经济战略往往在欠发达地区建造工厂。成千上万工人的新住房对战事是至关重要的，当男子打战时，住房提供的儿童保育和膳食准备能够让更多的妇女在她们"自然"领域之外进行国防工作。

★ 战后扩张与限制

联邦政府的住宅管理和家庭支持，被视为严格的临时战事措施。战时的广告提醒市民，"在未来，独栋住宅和传统的性别角色将回归"。住房建设很快回到了私人市场。多年建设上的应战效率之后，像加利福尼亚的艾力·考夫曼（Eli Kaufmann）和在东北的威廉·莱维特（William Levitt）这样的建设者，以一个西尔斯从未有过的规模大量生产独户住宅。开发商假设每个家庭都会拥有一辆汽车在远离公共交通的更便宜的农业用地上建设。这些房子通常较小并重复同样简单的设计以保持成本下降。但包括许多不必要的细部，如坡屋顶、百叶窗和烟囱等，这些象征性细部引发了对被理想化的乡村小屋的想象。

需求是势不可挡的，部分原因是因为政府的干预使得更多的人购买郊区住宅。1937 年以前，银行要求大部分购房者先付清一半的款项，然后在 3 ~ 5 年内付清余款，但是这对工薪家庭来说几乎不可能。《住房法案》为抵押贷款设立了一定的政府担保，即假如借款人违约，银行的钱也会有人偿还。这使 20% 的首期付款和二十年还款期更容易实现了。联邦住房管理局将在 1949 年推广该项目，并在 1955 年开始发行抵押贷款。退伍军人甚至可以不用首付购买房屋。

这种对房屋所有权的推广和民主化只针对某些美国人。虽然种族歧视的盟约已在 1948 年被宣布为违反宪法，但包括莱维特镇（Levittown）的许多发展项目仍然局限于白人居民。莱维特坚持认为这不是种族歧视，而是一门"好生意"，因为大多数的潜在客户是白人买家，这些卖家更倾向于全白人社区。联邦政策支持他。美国联邦住房管理局根据种族划分社区，称为红线区，并拒绝为那里的家庭承保贷款。相同的财政没有提供平等的住房准入：白人家庭有联邦住房管理局支持在郊区置业，还有各种新房可以购买。黑人家庭只能在很少的街区买房，没有联邦住房管理局贷款补贴。

1968 年《公平住房法案》宣布在房屋贷款、销售、出租中的种族歧视为违法，但非正式的种族隔离依然存在。这导致了美国的种族不平等，因为住宅创造财富并直接影响家庭的金融安全。限制任何集团参与住房市场，就是限制了其几代人的经济权力，并导致机会不平等。

图 2.9　鸟瞰莱维特镇，纽约《生活杂志》，1949

★ 梦之屋

占主导地位的私人住房解释了为何美国的住宅设计往往是保守的，如环球影城的殖民复兴住宅。而联排屋或府邸通常居住多代同堂的家庭。因工作或因家庭规模和财富演变，大多数当代美国家庭经常迁移（平均为七年）。房子的价值取决于它对未来买家的吸引力，市场检验的风格和熟悉的空间安排使住房更容易在需要时出售，并相应地扩散。

但美国的郊区住宅无疑已经发展，特别是在规模上。1950 年，一个普通的新家是 1 000 平方英尺（93 平方米）以下，但在 2013 年超过了 2 500 平方英尺（232 平方米）。开发商开始生产比庄园更贵族气派的乡村别墅，"麦克豪宅"是 20 世纪晚期的创新，是具有精英气质和大众市场的家园。其面积达 3 000 ~ 5 000 平方英尺（278 ~ 464 平方米），麦克豪宅更多的是贵族的别墅而不是乡村小屋。

尽管美国平均家庭规模在下降（2010 年为 2.6 人 / 家庭），但麦克豪宅的数量在激增。其原因是 20 世纪 90 年代和 21 世纪初激增的借贷行为以及永远相信住房为永远安全的投资。2008 年的经济泡沫破灭证明这仅仅是围绕独户住宅的另一个神话。经济衰退影响了随之而来的市场崩盘，也验证了杰弗逊和唐宁的看法，独户住宅以他们想象不到的方式塑造了国家的福祉。

这场危机也引发了一场关于美国住房市场如何为美国人提供理想住宅的有益批评。作为原型的"住宅和草坪"模式是否仍然符合大多数美国人的生活或者想要的生活？任何形式的住宅，如蔓延的庭院住宅、城市联排住宅、移动住宅或高层公寓都密切且普遍地塑造着我们的生活。这种建筑类型是大多数人所拥有的唯一的建筑。关于如何直接决定有关房屋的影响，我们很好地质疑了"好住宅"的神话，并仔细考虑不同类型的住宅如何构建不同的梦想，这些梦想是关系着家庭、工作、个性、隐私、性别角色、家庭与公共工作关系、社会阶层以及与自然的关系。

美国标志性的独户家庭体现了一个明确的道理：任何房子的性格取决于其环境和建筑。别墅及其在郊区的变种反映了对城市环境不足的感知，只有产生它们的城市能够全面地理解它们。

扩展阅读

1. Ackerman, James. *The Villa: Form and Ideology of Country Houses*. Princeton, NJ: Princeton University Press, 1990.

2. Archer, John. *Architecture and Suburbia*. Minneapolis: University of Minnesota Press, 2005.

3. Bauer Wurster, Catherine. *Modern Housing*. New York: Houghton Mifflin, 1934.

4. Colomina, Beatriz, ed. *Sexuality and Space*. New York: Princeton Architectural Press, 1992.

5. Costanzo, Denise. "The Medici McMansion?" in D. Medina Lasansky, ed., *The Renaissance: Revised, Unexpurgated, Expanded*. Pittsburgh: Periscope Press, 2014.

6. Downing, Andrew Jackson. *The Architecture of Country Houses*. Reprint edition. New York: Da Capo Press, 1968 (1850).

7. Harris, Dianne. *Little White Houses: How the Postwar Home Constructed Race in America*. Minneapolis : University of Minnesota Press, 2013.

8. Nevett, Lisa. *Domestic Space in Classical Antiquity*. Cambridge: Cambridge University Press, 2012,

9. _____. *House and Society in the Ancient Greek World*. Cambridge: Cambridge University Press, 1999.

10. Wallace-Hadrill, Andrew. *Houses and Society in Pompeii and Herculaneum*. Princeton, NJ: Princeton University Press, 1994.

11. Wright, Gwendolyn. *Building the Dream: A Social History of Housing in America*. New York: Pantheon Books, 1981.

第三章
城市

在公众性更强的城市中，房屋为人们提供了庇护之所。自 2010 年以来，超过半数的世界人口居住于城市中。许多城市早已飞速成长为人口超过 1 000 万的大都市，如当今最大的城市上海，人口已

图 3.1　2020 年上海预期规划模型，城市规划展览中心

接近 1 800 万。城市创造经济机遇、促进文化发展，从而成就了城市的发展。正因为如此，城市与社会秩序和都市化生活的关系由来已久，造就了大量的词汇。Urbane（都市化的）、civilization（文明）、citizen（市民）、polite（礼貌）、politics（政治）、police（警察）、cosmopolitan（世界主义者）等词均来源于拉丁语和希腊语中的"city（城市）"（ctvitas，polis），该词汇群表明人们长久以来一直相信城市环境可营造一种受控、文明和社区参与的生活方式。

★ 安全、空间和栅格

虽然城市与农村相对，但两者密切相关，城市的发展都离不开可靠且多产的农业系统的支持。传统意义上来讲，大多数城市都位于方便到达农场、接触水源和交通工具的地方，例如河边。由于适宜发展的地点会吸引不同组群的人来争夺，因此古城也需要防御系统。山顶或岛屿可为少量居民提供保护，但如果人口众多，则需要修建防御墙。防御墙可增加安全性，但固定了界限，要保护众多人口的安全，城市只能变得越来越密集。早期的城市其围墙以内的实体建筑、街道和开放空间形成的城市肌理通常也是很密集的。

如第 1 章中所看到的那样，古雅典最初是位于山顶的一座城堡，即雅典卫城。后来，社区变大并向下搬迁，竖起了更大的保护墙。"雅典娜路"是雅典娜生日游行时的路径，它把城市的上下两部分联系在一起。到达卫城前，它穿过密集城市中的开放空间——阿格拉（agora）。阿格拉由几根柱廊包围，这些独立的长柱廊把商业、社会生活分布在广场的周边 ["斯多葛派"（Stoic）哲学家其中一个区域聚会]。广场的一角建有可容纳 500 人的会议厅，与会者均为城市统治阶层的代表，也正是这一角破坏了广场的正方形形状。总体来说，雅典的阿格拉有可通过的不规则几何边界，这些边界由街道和零散的建筑物限定。

开放空间对城市生活至关重要，在这里居民可以聚集在一起举行庆祝、商业或政治活动。支撑希腊城市"文明"生活的其他结构，包括男孩接受教育和进行运动训练的体育馆和运动场，以及人们欣赏戏剧、诗歌和音乐的休闲剧院。这些设施均是人口聚集的结果，它们促进了劳动的分工和专业化。人们的基本需求得到更有效地满足后，才有额外的资源用于支持经济、教育和艺术的发展。

作为回报，文化生活也对希腊的城市产生了影响。公元前 5 世纪初米利都（Miletus）被摧毁，当局要求当地的一位哲学家希波达莫斯（Hippodamos）制定重建计划。他把街道和街区安排于栅格中，最大限度地提高了居住率，便于人们前往有价值的空间。神殿、阿格拉和一家剧院分布在市中心附近。米利都位于半岛上，希波达莫斯依据城市的不规则形状把栅格长轴对齐，并调整栅格大小。即使三面环水，米利都的整个外围还是建造了围墙，这种设计实现了城市防御、秩序和公共生活的三个基本功能。

希波达莫斯是最早因设计整座城市而被赞誉的人。但这里并不是栅格布局的发源地，印度河流域文明在比米利都早近 2 000 年时已有先例。与米利都规划差不多同期的《考工记》是中国一本公元前 5 世纪的大百科全书，其中详细描述了栅格化城市布局。它是指一座带围墙的方城，方位端正，每面城墙有三扇门，与六条交错的交通干道相连，两个开放式广场毗邻帝王的宫殿，宫殿坐落于另一围墙内的中心位置，贵族、商人和工匠都有指定的居住街区，但农民被完全排除在外，这个城市的物理布局形成了一个以帝王为中心的社会结构。

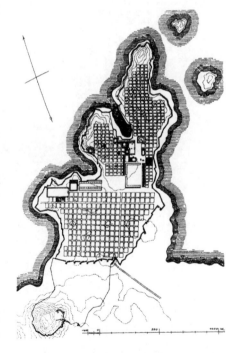

图 3.2　希波达莫斯制作的米利都规划图，公元前 5 世纪

该抽象布局图的历史可能早于《考工记》几个世纪。在几个世纪以来，它一直为中国皇帝所采用，用于建造他们的国都。西安是一座方正的围城，其建成比《考工记》晚不到一个世纪。西安城每面城墙上也共有三扇门，城内有纵横交错、正面朝北的交通干道。宫殿位于城市的北部，虽然不在正中，但仍然是城市的中心。像米利都一样，城市规划均灵活使用栅格设计，不同的栅格尺寸和街道宽度规划出不同层次的社区和街道。《周礼》中的规划原则在数个世纪以后仍被用于设计元朝的首都，也就是现代的北京城。

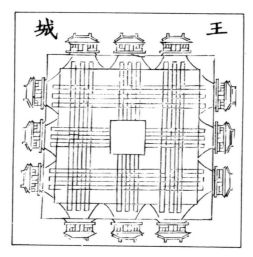

图 3.3 "帝王之都"布局图——基于《考工记》的描述，约公元前 5 世纪

栅格有助于简化城市的规划和导航，这也导致另一位希腊哲学家对希波达莫斯的规划方式提出疑义，亚里士多德发现不规则的布局易于使陌生人迷失方向，可为居民提供防御优势。[1] 在公元前 399 年石弩发明之后，人们发现圆形塔楼和墙壁最善于防御投射物，这些观点被希腊人采纳，归入最有效城市布局元素。军事发展塑造了城市设计，城市就是维护城内文明生活的生存机器。

---

[1] Aristotle, *Politics*. Trans. H. Rackham (Cambridge, MA: Harvard University Press, 1944): VII.x.4-5.

★ 古罗马营寨的规划

古罗马人进行城市建设时也将合理性和军事用途考虑在内，但却忽视了近代希腊人推崇的新城建设理念。新城的建设一般从罗马军队占领某个区域并建造兵营开始，营寨为一座由城墙围起的城堡，内含栅格布局的帐篷。该布局在从西班牙到叙利亚，从北非到英国的罗马城市中广泛应用。营寨的朝向与主方向大致相同。每面城墙上有门通向南北向干道或东西向干道两条交汇的主干道。神庙、剧场和其他公共场所聚集在城市中心的干道交汇处。罗马人保留了较为脆弱的栅格结构和方角平面，因为与防御性的城市相比，他们庞大帝国的安全更多地依赖于流动的军队和良好的道路，这也是罗马特色。然而，城市是文化生活的中心，同时拥有古文明世界最好的基础设施。引水渠提供淡水，公共浴室改善卫生，下水道处理来自公共厕所的废水，即使不能彻底清除，也大大减少了恶臭和疾病，二者均为聚集式"文明"生活令人遗憾的副产品。

罗马城市的主要开放空间是集会广场。罗马的前帝国罗马广场有不规则的平面和各自独立的建筑，像市场一样。然而，后来的皇帝们新建的集会广场形状井然有序，长方形空间由连续的柱廊框定，就像形成了一个柱廊外围。拱形的入口门道布置在神殿正对面。集会广场的受控空间表现了帝国的权力和行政秩序，是罗马的象征。即使在西罗马帝国覆灭后，这种城市格局仍被延用。数十个罗马城市保留该营寨布局直至中世纪甚至更晚。

★ 混乱、图解和理想城市

栅格模式是一种合理的、刻意而为之的规划布局。但许多城市却拥有古怪的有机街道格局和围墙，这种随意的平面形式是依据地形和产权状况逐渐形成的。有机布局的城市同样需要露天场地用作市场和公众集会，但其位置随机且形状通常不规则。在中世纪的意大利，城市肌理空地被称为"广场"（piazza）。这些密实的城市中的空隙通常位于教堂或公共建筑前方，它提供的空间把人们从狭小的家居和狭窄曲折的街道中解放出来。

有机布局城市中不规则的几何分布是对现实状况的灵活应对。但在文艺复兴时期，当英国作家托马斯·莫尔（Thomas More）发明"乌托邦"（utopia）这个词后，规划设计师通过合理布局从而产生更有序、更和谐社区的希望被重新燃起。乌托邦意指"美好之地"抑或"虚幻之地"，是一个抽象的理想。建筑师安东尼奥·迪·埃维里诺（Antonio di Averlino）在15世纪60年代出版的《菲拉里特》（Filarete）中勾勒了一幅理想城市"斯福津达"（Sforzinda）的画面。他的设计采用分别为圆形和八角星形的双层城墙，在二者交接处建造防御塔。八条放射形街道在中心处交汇，广场、大教堂，宫殿和市场皆聚集于此，这是另一番关于安全、公共生活与组织体制的想象。

图 3.4　圣母领报大教堂，佛罗伦萨，意大利，1419—1516

15世纪，意大利的城市化程度已经相当高，因此实现该类规划的机会很少。但它满足了人们对城市秩序日益增长的需求，并偶尔会改变城市现状。在15世纪20年代，佛罗伦萨的一家新孤儿院将不规则广场的一侧用长拱形门廊支撑。三十年后，邻近的教堂增加了一个新的立面。这个新的立面没有如预期的那样主导整个广场，其规模和风格均模仿了隔壁的柱廊建筑。六十年后，孤儿院对面的建筑也加上了与之匹配的骑楼柱廊。

这些工程将圣母领报教堂大广场（Piazza Santissima Annunziata）变为一个视觉统一的城市空间。三个连贯的侧面使得空间看似是一个完美的矩形，使人联想起罗马集会广场。产生这一和谐的"凹处"经历了将近一个世纪的时间，因为其间涉及多个业主，进行了多方面修改。这需要各方共同认可，否则就得强制实施。要在已有城市中实现新的城市景观需要极大的耐心或者强大的实施力，而且通常二者皆需。

★ 重塑罗马

如果有人有足够的力量能重建意大利文艺复兴时期的城市，那非教皇莫属。罗马对教皇而言至关重要，他在此统治着西方基督教和意大利中部。但罗马的城市结构与古罗马营寨并无相似之处。罗马城在台伯（Tiber）河畔的山川周围有机蔓延。后来皇帝们加强了个别地点的秩序建设，如帝国集会广场，但罗马的整体布局仍然混乱。

图 3.5　吉安洛伦索·贝尔尼尼（Gianlorenzo Bernini），
圣彼得广场，梵蒂冈，1667

　　许多罗马人并不欢迎教皇的统治，城市迷宫式的结构使得教皇穿越敌对社区狭窄、蜿蜒的街道成为危险行为。因此有序的城市变得具有政治上的战略意义，宽敞笔直的道路、规则整齐的城市空间将提供更安全的，更令人印象深刻的宗教游行，并在城市和世界范围内维护教皇的权威。

　　因为大部分教皇的任期较短，所以大部分改变是渐进式的。现代罗马的第一条直街道是由教皇亚历山大六世（Alexander Ⅵ）在1500年建造的。十年后，教皇尤利乌斯二世（Julius Ⅱ）通过朱利亚（Giulia）地区为富有的佛罗伦萨支持者创建了一条跨台伯河的高档街区。到16世纪80年代，罗马已拥有多条宽敞笔直的街道和多个新开发的区域。但其核心区仍是一片混乱，是教皇乃至每年成千上万朝圣者的绊脚石，正是这些朝圣者在支撑着城市的经济发展。

　　在位仅五年的教皇西克斯图斯五世（Sixtus Ⅴ，1585—1590年）在罗马的城市结构中留下了最伟大的印记。他的顾问提议用直的街道交叉形成网络，连接主要地点，为迷宫一样的城市提供清晰的导航路线。在这些街道的汇聚节点竖立方尖碑（古罗马从埃及进口的高大的花岗岩整石）作为地标。行人在很远的地方就能看见，并寻路找到重要的名胜古迹。

　　西克斯图斯五世建造的这些道路，使混乱的罗马城变得有序，更易于管理。主节点成为空间的重要标志。新的圣彼得大教堂的巴西利卡前的无序广场，在17世纪发生了戏剧性变化，变得规则有序，现在该教堂是罗马最大的旅游景点之一。两个框架式柱廊创造出一个椭圆形集会广场，成为当今世界上最知名的城市空间之一。罗马也因其宏大的广场而闻名，最终成为街道笔直、空间和谐的世界级城市代名词。

　　意大利文艺复兴时期，在强调城市组织的同时也催生了贫民区。威尼斯的犹太社区形成于15世纪，但在1516年，所有的犹太人（即当局眼中的可疑外人），都被强迫搬迁至一座原为工业用途的小岛上（"贫民区"一词来源于威尼斯语"铸铁厂"）。在贫民区外竖起围墙并安装大门，日出而开，日落而关，事实上整个社区就是一座监狱。

当局认为强制隔离是对付城市中"外人"的合理解决方案，这个想法在后来继续蔓延。1555 年，罗马为古老犹太社区建立了贫民窟；1571 年，佛罗伦萨也建立了贫民窟。贫民窟的居民并不都是穷人，但固定的边界使居住空间因人口增长而出现空间不足、过度拥挤的状况。"贫民区"最后演变成所有边缘人群居住的次等社区的代名词。

★ 一个"新"伦敦？

虽然秩序、大空间、规则性成为"现代"城市的特点，然而大多数欧洲城市都是古老的城市。伦敦市最初为营寨城，在古代晚期被破坏。在修复的罗马墙内，一座有机城市发展起来，这就是现在的伦敦金融区。城墙在东南处与泰晤士河交汇，此处建有伦敦塔用做防御。

17 世纪，该城市不断扩张，超出了围墙，向东建立了码头和仓库，向西建立了优雅的住宅区，并规划建成了伦敦首个规则的广场。古城墙内的区域依然拥挤，街道狭窄而难以通行。这些条件促使 1665 年爆发鼠疫，这场灾难导致近 10 万伦敦人死亡。一年后，著名的伦敦大火烧毁了整个城市的 80%，其中包括有 500 年历史的圣保罗大教堂。这场灾难也提供了难得的机会，根据现代理念重建一座欧洲古城。

为了改善环境和秩序的开敞空间，建造一个新的、功能更好的伦敦，多人纷纷建言。如李察·纽科（Richard Newcourt），建议重新使用该市原来的栅格模式。纽科的规划是直线型的，城市分为长方形街区，每区中心设立一个小教堂，最大的五个广场位于城市的几何中心。他的规划完全抹除了伦敦旧城的痕迹。约翰·伊夫林（John Evelyn）爵士的建议与伦敦原周界接近，保留了圣保罗教堂的位置，但引进了带对角线林荫道的大块正交栅格。伊夫林在主要节点上规划了各种形状规则的广场。与之类似的是克里斯托弗·雷恩（Christopher Wren）的规划，只是后者的街区更小，更接近老城街区的尺度。

然而这些理性、现代化的规划均未被建采用，因为实施任何新规划都需在城市范围内抹去产权，这在议会民主制的英国是不可行的，不论是在政治上还是经济上。即使是在一个烧毁的城市上实施理想方案，也需要绝对的权力来消除个体公民的异议。

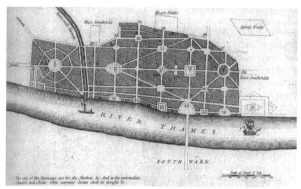

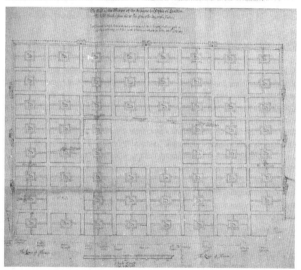

图 3.6　李察·纽科和约翰·伊夫林爵士重建伦敦的规划图，约 1667

　　为了改善了交通、卫生和安全条件，旧伦敦城被重修。街道保留了原有模式并进行了拓宽，同时为了交通的便利，所有业主均牺牲了少许临街面积。新建筑规范要求建筑物防火，并规定了建筑物的限高。今天，伦敦的古城核心区既有千年历史的街道网，也有改造后的现代城市秩序。但是理性方案更易于在其他地方使用，如美洲大陆。

★ 美国的理想城市

大西洋彼岸的一座城市与纽科的伦敦在规划上有惊人的相似之处，那就是费城。在那里，两条主干道汇聚于中心广场，打破了整体的矩形栅格结构。现在的市政厅位置原定为是被贵格会会堂、政府会议厅、市场和学校围合的开放空间，承载城市的所有公共功能，就像米利都和斯福津达一样。该城市的规划者之一，威廉·佩恩（William Penn）在伦敦大火之后居住于伦敦，他把纽科的城市规划带到了美国。

美国的地形划分普遍采用栅格结构，这是由托马斯·杰弗逊（Thomas Jefferson）促成的。1812 年，年轻的共和国在吞并俄亥俄河谷后总面积将近翻倍，杰弗逊提议进行土地调研，把土地分为边长 6 英里的正方形栅格（即镇区），每个栅格再分为三十六个分区，每个分区 1 平方英里。在美国后续的扩张中均采用镇区和分区的界限进行划分，并确定铁路、政治边界、农场和公路的位置。不同于古代有保护墙的栅格城市，这个系统是可以无限扩展的。它并不着眼于把城市的秩序和无序的自然进行对比，而是重新把荒野定义为"财产"，表明这个国家愈加确信其会占据整块大陆。均匀的栅格恰好也代表着平等。理论上来讲，每个正方形栅格都是相等的，就像选票一样。

但是，即使是民主国家也包含了等级制度。华盛顿是一座象征性首都，是在一系列竞选城市系统外建造的、代表整个国家的城市。其设计者是法国规划师皮埃尔·查尔斯·朗方（Pierre Charles L'Enfant），他熟悉罗马式轴线路网，设计时咨询了栅格式规划的拥护者杰弗逊的意见。与伊夫林的伦敦规划相似，华盛顿采用了背景为栅格，上有对角线式街道，节点上建立主要的国家机构的系统。

总统府白宫和国会大厦均位于五条主干道的交汇点，分布在宾夕法尼亚大道的两端。白宫面朝南，国会大厦位于人工建造的山顶上，西面朝着巨大的国家大草坪公园。二者均面向第三个建筑结

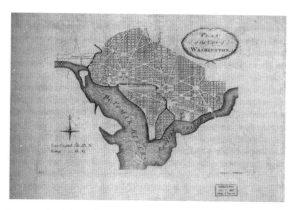

图 3.7 皮埃尔·查尔斯·朗方，华盛顿的规划图，1792

构——华盛顿纪念碑，巨大的方尖碑与罗马城内的方尖碑都是纪念性城市的地标。

★ 奥斯曼的巴黎：优雅的力量

尽管改造旧城面临诸多困难，但在 19 世纪，为了使人口密集的旧首都适应现代生活和政治现实的需要，欧洲列强进行了不懈的努力。例如，巴黎混乱的城市秩序直接影响到法国的国家稳定。通过在狭窄的街道设置路障，街区可自成一体，足以抵御法国军队。1789 年法国大革命之后，公民起义引领了新一轮的全国革命，这场革命中控制巴黎是控制法国的关键。

像伦敦一样，巴黎最初也是一座营寨城，后发展成密集的有机城市。巴黎的第一块开放空间是皇家广场（现在的孚日广场，1605—1612 年），它始建于法国的佛罗伦萨女王凯瑟琳·德·美第其（Catherine de' Medici），是她摧毁一座皇家宫殿后建立的。她的儿子在重建时，把它打造成圣母领报大教堂的理想化版本：完美的方形广场，周围分布着样式统一的优雅房子。拿破仑·波拿巴（Napoleon Bonaparte）在 19 世纪初企图改造巴黎，结果发现比征服欧洲还要困难。直到 1848 年上台成为拿破仑三世时，他的侄孙决心让巴黎成为更加有序、交通便利的城市。

拿破仑三世的计划由乔治·尤金·奥斯曼（Georges-Eugène Haussmann）主持，并任命奥斯曼为"塞纳省省长"。在他统治的早期，拿破仑三世决定了在城市的何处修建新的街道和林荫大道。奥斯曼被授权购买、夺取和拆除私人财产。在几十年内，原来的人口密集区域，尤其是那些具有起义历史的地方，就形成了由宽阔的林荫大道构成的交通网络。

拓宽的笔直街道更利于商队和军队通过，大大改善了城市秩序，并促进了商业发展。这对政府、企业主和专业人士等资产阶级都非常有利。奥斯曼也改造了城市的基础设施。新下水道、新铺的道路和人行道、路灯、长椅和树木，使巴黎更加清洁、卫生。新建筑规范要求林荫大道两侧建筑物的正面遵循固定模式。统一的高度、对齐的窗户造就了皇家广场连贯有序的优雅气氛，使之成为完全的"奥斯曼化"社区。

1870 年，另一场叛乱结束了拿破仑三世的统治。但他的城市改造已非常深入，无法阻挡，这些改造被证实是非常有效的。直到 1968 年，才消除巴黎起义对政府造成的威胁。拿破仑三世对巴黎中心区的重建使巴黎变身为面容精致的现代化城市，对于富裕阶层更加宜居，

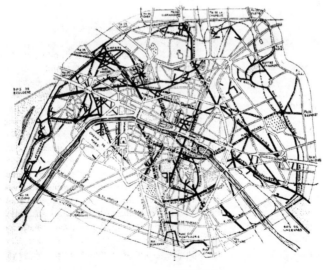

图 3.8　拿破仑三世，巴黎交通规划，1853—1870

这个过程我们称之为城市"绅士化"。但是原来的居民却再无法继续负担住在昂贵的新社区的费用，不得不搬到其他地方去。奥斯曼的干预将超过 300 000 的穷人从巴黎城中心被排挤出去，大多数分布到周边的棚户区和贫民区。

★ 塞尔达：所有人的城市

19 世纪 50 年代，巴塞罗那是欧洲人口最密集的城市，其厚重的城墙和爆炸式发展的城市人口成为城市暴动的导火索。当局派出建筑师、工程师伊尔德方索·塞尔达（Idelfonso Cerdà）到巴黎学习两年以研究巴黎的改造方案。巴黎的做法使他印象深刻，同时他也持批判态度。奥斯曼改造后的巴黎无疑更卫生、更美丽，但塞尔达认为把穷人挤出城市是一种错误、不恰当的策略。

在他 1867 年著的《城市化概论》中，塞尔达提出了一个城市发展的综合理论。他认为城市不是固定的结构，而是具有相互依赖系统的有机体。富人依赖穷人的产品和服务，因此只保留上流社会无法维持城市的健康发展。任何可持续的、长期的城市规划必须包含所有必需团体，并能随着时间的推移应变。

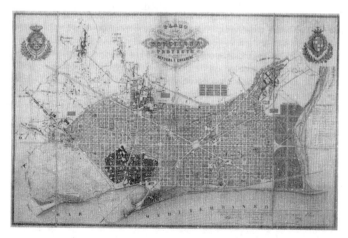

图 3.9　伊尔德方索·塞尔达，巴塞罗那规划图，1859

因为城市的防御工事已无军事意义，塞尔达在 1858 年拆除了巴塞罗那的城墙，使其面积扩大了十倍。尽管他把城市比喻为有机体，但他并未提出"有机"规划，而是提出栅格规划，在对角线位置上有两条交叉的林荫大道，两条大道的交汇点为广场。如果说奥斯曼的巴黎是罗马网格规划的精致版，塞尔达的巴萨罗那则是华盛顿特区的简化版。

通过建立灵活的框架结构，该规划制定了塞尔达的渐进式逻辑，该框架可自由发展并承载功能需求。对方块的转角进行倒角（切割）处理，在所有交汇点设立小广场用于公共生活，塞尔达的规划塑造了现代的巴塞罗那和其他城市。更为重要的是，他认为城市应该为所有居民提供健康生活，即使是在不可预知的未来。

★ 城市秩序与城市娱乐：西特

维也纳的过去与巴黎和伦敦相似，诞生之初它是罗马的要塞，后发展为有围墙的有机城市。但中世纪的旧城被防御墙和缓斜坡或开放的缓冲区包围。空的环形空间人口密度较低。1857 年的维也纳改造，既未像巴黎那样重塑其有机核心，也未像巴塞罗那那样向外延伸到无建筑区域。规划者充分利用旧城和外城之间的空旷地带。一条 2 英里长的环城路，即环城大道，围出一个巨大、宽敞的社区，内有新的国民议会、市政厅、博物馆、歌剧院和大学。

但是有个维也纳人却不为环城大道的优雅和有序所动，他就是艺术史学家和教育家卡米洛·西特（Camillo Sitte），他更偏爱有机的旧城中狭窄弯曲的街道、亲密的广场和出乎意料的结构。长宽直的林荫大道和大间距的纪念碑非常实用、壮观，但构图的纯粹性容易使行人感到无聊。西特的《依据艺术原则建设城市》（1889 年）打破了四个世纪以来专家关于城市的观点。他对城市"艺术性"品质的兴趣与典型的强调理性秩序和宽敞空间形成了对比。西特问："是什么让我们享受一座城市？"他认为设计师应该学习一下有机城市是如何创造有趣、令人愉快的空间的，当时几乎无人认同他的观点，直至他的作品出版几十年后才成为主流。

★ 图示"非城市"：霍华德，国际现代建筑协会，郊区

另有一些评论家认为大城市已变得难以运转并且没有必要。原来为行人和马车打造的城市肌理无法与火车、工厂兼容。城墙已无安全防御功能，所有古代引发人口密集的原因已不复存在。与其花费大量时间对旧城动刀，不如设计全新的社区用于现代生活。埃比尼泽·霍华德（Ebenezer Howard）在英国提出"花园城市"（1898 年）的理念，他提出建立去中心化的"城市"生活，使居民区与自然充分融合。受精英市郊理念的启发，他设想城市实体由六座小城镇外加中心位置的一座大城镇组成，小城镇有 32 000 位居民，独栋居住。小城镇散布在大城镇周围，后者有 58 000 位居民，形成一座总人口 250 000 的"无贫民区，无烟城市"，而不是一座大都市。

霍华德的理想城市将建设区与绿地分隔开来，用现代交通铁路、运河和公路把这些独立又共生的社区联系起来，所有必要的支持职能均散布于城镇和景观区，其中农业、医院、学校、工厂，甚至精神病院和"醉酒者之家"，这些都在他的规划中一一列出。

与《考工记》中的理想城市以及《菲拉里特》中的斯福津达一样，霍华德认为好的城市形态源于列出并合理分布所有必需元素。这种设计方法在 20 世纪被广泛采用。1933 年，国际现代建筑协会（CIAM）组织世界各地的专业人士起草现代化城市的设计原则，成果由当时的参与者勒·柯布西耶编纂为《雅典宪章》，发表于 1943 年，为以后数十年的城市建设提供指导。

CIAM 认为城市因四项基本功能而存在：居住、工作、休息和交通。同霍华德的观点一样，它认为一座好的城市形态应该将这些活动聚集于既独立又对接良好的区域，这样人们就可以居住在一个区，工作在另一个区。与《花园城市》理念不同的是，CIAM 认为只要有足够的开放空间和高效的交通，人们可以共同生活在拥有数百万人口的现代城市。CIAM 所属的许多城市规划均将人们集中于大间距建筑物，以实现开放空间的最大化。同时为安全起见，实行机动车和行人的立体交通分流。

现代主义建筑师路德维希·希尔伯斯海默（Ludwig Hilbersheimer）和勒·柯布西耶（Le Corbusier）的大量设计都体现了 CIAM 的城市理念"低密度、大间距、按功能分区"。虽然呆板的塔楼使空间看起来相当突兀，但 CIAM 的规划已经在美国郊区应用，仔细地把生活区从工业区和商业区中划分出来，栉比鳞次的公园与道路解决了休闲和交通问题。高楼林立的大城市和风景秀丽的郊区都与传统的城市肌理完全相反：与辟出街道和广场的立体城市不同，CIAM 的城市拥有大量开放空间，内里点缀着分散的建筑物。

★ 汽车城的城市化

美国政府通过干预抵押贷款市场（见第二章）以及联邦交通政策来调整城市结构。第二次世界大战之后，联邦政府开始支持公共交通和铁路运输向高速公路建设转变。1956 年的州际公路和国防公路法案提出要建设国家级封闭高速公路系统，由政府统一协调出资。这体现汽车工业和军事的发展，也是核时代对城市的影响。第二次世界大战表明面对空袭，密集型城市脆弱不堪。把人口分布在广大的地区，遇到危险时人们可通过公路脱离险境，被认为是更为安全的做法。

二战后的美国城市，规划不再遵循电车和火车线路，而依据高速公路规划。高速路的入口斜道附近区域成为新的增长点，此处把远距离的郊区与工作区连接在一起。随着高速公路和汽车数量的剧增，低密度郊区得以蔓延。但是以独栋住宅以及路边的商业带所限定的战后巨火的郊区边界引发了一定的城市问题。只能通过私人机动交通才能确保实现功能孤立、大间遥远的建筑物间的联系，这造成了巨大的社会隔离。美国评论家刘易斯·芒福德（Lewis Mumford）认为 CIAM 的四大功能漏掉了城市最必要的"第五功能"，即市民生活空间，如阿格拉市场、集会广场或露天市场。

20 世纪 50 年代出现了两种新的建筑类型，弥补了美国郊区去中心化产生的问题。其中一种就是市民中心，这里有封闭空间可用于定期举办社区活动。维克多·格伦（Victor Gruen）是一位维也纳建筑师，他在 20 世纪 30 年代搬到美国，他认为购物需求能够把人们聚集到一个空间，增加自发社会接触的机会。如果能不受天气影响，就能改变传统的街道购物模式，提供终年舒适的购物体验；增加停车场，可解决城市汽车化的问题。

格伦的解决方案就是建立封闭的购物中心或大商场，现在这种购物中心已风靡全球。然而，与城市街道不同的是，这些购物中心多为私人拥有，其空间不是纯粹的公众区域，如果你在其中举行了政治抗议，估计立刻会被警卫请出去。

图 3.10　林肯艺术表演中心，纽约市，1955—1969
（照片由 Matthew G·Bisanz 拍摄）

大商场虽为私人所有，但在规模上是公共场所，为不受控的空间。市民中心和大商场像郊区的房屋一样均为空间空白内的物体。它们提供一些城市生活的便利设施，却不提供城市体验，就像许多郊区居民想在如纽约这样的城市寻求的感觉，它本身也正经历着巨大的变化。

★ 一个全新的纽约

20 世纪 30 年代到 60 年代期间，罗伯特·摩西（Robert Moses）主持了纽约的改造。与"奥斯曼"类似，摩西为人们留下了大量的桥梁、高速公路、公园、水池，这些改造重塑了一座 20 世纪的城市。一个特别著名的项目是林肯中心，它是纽约歌剧、交响乐、芭蕾、剧院和音乐学院的艺术中心。这里的表演很难在郊区看到，其设计为纽约提供了一个连贯优雅的城市广场。

将艺术表演场所汇集于一处是种经典的图示性规划，但这不一定是"理性"的，因为各机构行政独立，人们通常每晚上只能观看一场演出。林肯中心是纽约成熟文化的展示窗，它促进了表演艺术的发展，各种演出场所组合产生的整体效果远大于分散设施。

这种混合的形式同时促成了西区的优化。二战后联邦政府在资助郊区房屋贷款的同时，也为城市拆除贫民窟提供资金以建造新房屋，贫民窟原来的建筑物通常为低标准房屋，往往摇摇欲坠不适合居住。该过程也称为"城市更新"。林肯中心原址居住着 7 000 名居民，主要是非洲裔码头工人。项目原计划建造能居住 4 400 人的住房单位，但完成量却远少于计划。城市领导层的目的侧重于消除占领该宝贵土地资源的"衰败"景象，即去除贫穷形象。就像奥斯曼的巴黎规划一样，目标在于建立一座有吸收力、令人心情愉悦、生机勃勃的城市。

由于大多数郊区按种族居住，少数民族居民因城市更新而流离失所，甚至还不如当年的巴黎的工人阶级。联邦政府的津贴同时补贴低收入人群的住房，通常为在开放区域建立 CIAM 低级版住宅塔楼。因为维护不足、工作交通不便以及其他原因，许多这种房屋被废弃了，其命运的戏剧化不亚于 1972 年被炸毁的圣路易斯的获奖作品普鲁蒂 - 艾戈（Pruitt-Igoe）居住区。在美国，"内城"和"安居工程"变成了现代贫民区，虽未上锁，但仍有诸多限制。

★ 雅可布：理论、现实和行动主义

理性的图示性城市解决方案无法实现乌托邦。建筑记者简·雅各布（Jane Jacobs）发现遵循 CIAM 方法改造的职能分离、建筑物之间的大量绿色空间的"新"区花费昂贵，并且通常几年下来就破旧不堪。雅可布还研究了能吸引居民和游客的健康城市社区。他们通常结构密集，各种功能和建筑类型混合，这使社区充满活力又能保证安全，这些均与 CIAM 的建筑规则背道而驰。

1961 年雅各布在《美国大城市的死与生》中提出了另一种实现好城市形态的途径。她提醒读者，历史证明许多被广泛接受的"科学"理论，如医疗放血，可能是错误的。她问道："如果像'单一用途分区'这样的规划教条不能创造出更好的城市，我们为什么要遵循？"她的解决方案是从现实中学习，用常识去"调和"抽象理论和诱人的逻辑图示。雅可布成功地回击了摩西用高速公路划分纽约社区的规划，还主张多提倡社区参与，而非盲信权威和专家。她是 20 世纪 60 年代众多坚持"城市应服务于人民，而非统治者"理念人群中的一员。

城市反映了整个文化的复杂性，包括物质资源、安全问题、社会组织、权力分配、秩序（或无序）理念以及生活方式。但是雅可布对当时城市规划者的不满表明：城市环境也是当权者个人和团体的决策结果。建筑和城市的设计人员和建造人员在该过程中制定具体优先权和愿景。但他们是谁呢？

拓展阅读

1. Cerdà, Idelfonso. *The Five Bases of the General Theory of Urbanization.* Madrid: Electa, 1999.

2. Choay, Francoise. *The Modern City: Planning in the 19th Century.* New York: Braziller, 1970.

3. Collins, George R. *Camillo Sitte: The Birth of Modern City planning.* New York: Rizzoli, 1986.

4. Jacobs, Jane. *The Death and Life of Great American cities.* New York: Random House, 1961.

5. Le Corbusier. *The City of To-Morrow and Its planning.* Trans. F. Etchells. New York: Dover, 1987.

6. _____. *The Athens Charter.* Trans. A. Eardley. New York: Grossman Publishers, 1973.

7. Lynch, Kevin. *Image of the City.* Cambridge, MA: MIT Press, 1960.

8. Morris, A. E. J. *History of Urban Form before the Industrial Revolutions.* Harlow, England: Pearson, Ltd., 1994.
9. Mumford, Eric. *The CIAM Discourse on Urbanism, 1928−1960.* Cambridge, MA: MIT Press, 2000.
10. Mumtord Lewis. *The City in History: Its Origins and Transformations, and Its Prospects.* NewYork: Harcourt and Brace, 1961.
11. Sitte, Camillo. *City Planning According to Its Artistic Principles.* Trans. G. R. And C. C. Collins. New York: Random House, 1965.
12. Steinhardt, Nancy Shatzman. *Chinese Imperial city Planning.* Honolulu: University of Hawaii Press. 1990.
13. Van Zanten, David. *Building Paris: Architectural Institutions and the Transformation of the French Capital, 1830−1870.* Cambridge: Cambridge University Press, 1994.

第二部分

谁创造了建筑？

Who makes Architecture

工匠，专业人员，艺术家
BUILDERS, PROFESSIONALS,
ARTISTS

第四章
建筑师

建筑师占美国人口不到 0.1%，但他们就好像电影中经常出现的主角一般。其他的专业角色当然也有很多（比如"刺客"），但建筑师的知名度显得尤为夸大，特别是与相关领域紧密的工程师。美国有多于建筑师五倍的工程师，但好莱坞鲜见把他们作为戏剧的主角。[1]

这也许反映了建筑和工程不同的刻板印象。我们通常认为建筑师不但有独立的创造性，而且有引以为豪的专业性，他们是艺术家和律师的合体。我们反倒会认为工程学是关于数学、技术解决方案和精度的，而非创意。然而，建筑师和工程师都是有创造才能的问题解决者，都通过设计满足人类的需求。事实上，在历史的大部分时期，这两个学科从不曾分开。

★ 建筑最古老的签名：伊姆霍特普

在持续数百年的几个历史阶段内，巨石阵的设计被多个人的想象

---

[1] Films featuring engineers as compelling central characters include *Flight of the Phoenix (1965) and The Wrnd Rises (2013).*

力所构思和修改。但一座建筑物有一位"作者"的这个想法，则与巨石阵场地上第一个环形沟一样古老（图 1.3）。4 600 多年前，在古埃及的古王国时期的法老左惹（Djoser）有一位首席顾问，名为伊姆霍特普（Imhotep），是位大祭司。他是个平民，教士教育让他成为王国的精英分子。他也是一位医师，因此他在死后被奉为神明，得到最高等级的荣誉。

　　伊姆霍特普也是已知最早的，因建筑设计而获得个人荣誉的人。他重新思考了传统的皇家陵墓，原本地下的墓室上覆盖着带有倾斜面的、顶部平坦的台子——马斯塔巴（mastaba）。伊姆霍特普提出，对一系列尺寸递减的马斯塔巴进行堆叠，会形成高近 200 英尺的"阶梯金字塔"，一个世纪以后还出现了吉萨第一大金字塔。伊姆霍特普的新思路为左惹建立了一座更令人印象深刻的纪念标志，也保证了自己的设计遗产。伊姆霍特普被授予了其肖像被描绘并埋葬在他自己的坟墓中的荣誉。今天，他被认为是建筑学、工程学和医药学三种行业的祖师。被神化之余，他的名字也流芳百世了。

图 4.1　伊姆霍特普，左惹的阶梯金字塔，
沙卡拉，埃及，公元前 2681—前 2662

简单地构思一种新的形式当然不足以确保伊姆霍特普获得不朽，他的想法必须通过建设表明其可行性。传统的泥砖做成的马斯塔巴，当金字塔更高时会被自身的重量压碎。但伊姆霍特普看到，埃及丰富的天然优质石材的潜力尚未被开发，即使埃及有熟练的石匠，但在当时也仅仅开采了有限的数量。他的项目开启了为大型建设扩大石材开采的时代。通过利用材料、技术知识以及社会资源，他关于人工的、表达敬意的"山"的梦想成了现实。

伊姆霍普斯很睿智，熟谙数学，知道如何提出可行的解决方案，并为此行使权力。但他没有亲自去切过一块石头，这是一个巨大的社会鸿沟。低级的手工劳动者属于工匠阶级，与埃及最精英的、创意性的、概念性的劳动分隔开来。伊姆霍特普用抽象的想象和实践知识的结合，把一个建设项目，变成了永恒荣耀的源泉，无论是对于法老还是他自己。

★ 希腊建筑师：名字、神话和建设者

"建筑师"一词源于古希腊字"architekton（αρχιεκτου）"，也是"首席建设者"的意思。"archi"就像"archangel"（天使）和"archenemy"（大敌）中的用法一样，代表"主要的"或"首要的"。"Tekton"与"tectonics"（构造）和"texture"（纹理）有关，均涉及物理结构，也包括了"制作者"和"工匠"的意思。

希腊建筑师需要管理任何复杂的建设项目，如建筑物、桥梁、道路、运河、机器或船舶，包括了今天的建筑学和工程学领域。

据希腊神话说，第一个建筑师是神话人物代达罗斯（Daedalus），他是一位聪明的发明家。在为克里特国王米诺斯（Minos）工作的时候，代达罗斯的一件发明秘密地为王后与公牛有染提供了帮助。王后对婚姻的背叛在她生下弥诺陶洛斯（Minotaur）时候被发现了（讽刺的是，Minotaur 直译为"米诺斯的公牛"），因为弥诺陶洛斯有着公牛的头和人的身体。国王为了隐藏这个尴尬而危险的生物，要求代达罗斯设计一座无法逃脱的监狱，即迷宫。当米诺斯得知他信任的顾问曾

帮助王后背叛他，便将代达罗斯和他的儿子伊卡洛斯（Icarus）囚禁在了迷宫里。代达罗斯使用蜡质"羽毛"发明了翅膀，父子俩一起飞逃了出来。但是伊卡洛斯忘记了父亲说的不能飞得太靠近太阳的警告，在靠近太阳时蜡被太阳烤化，从天上摔下而死。显然，"代达罗斯"意味着"手艺纯熟的人"或"狡猾的工作者"，说明设计者的形象是一个强有力的且有潜在威胁的产物。

　　幸存的希腊著作还标着著名建筑设计师名字。帕提农神庙有两位设计师，分别是卡利特瑞特（Kallikrates）和伊克提诺斯（Iktinos），他们曾写了一本著作（已遗失）描述了这个项目。这说明当时的希腊建筑师是识字的，并且足够重要以致被其他作者讨论。最新的古希腊"七大建筑师"清单包括5个有历史记载的建设者（其中包括伊克提诺斯），以及神话中的代达罗斯和发明机器捍卫自己城市的数学家阿基米德（Archimedes）。然而建筑师在古希腊城邦仅仅是杰出的工匠，不像伊姆霍特普属于统治的精英。

图 4.2　伊克提诺斯和卡利特瑞特，帕提农神庙，
雅典，公元前 447—前 438

★ 最古老的建筑书：维特鲁威

现存最早的建筑师著作，来自一位名叫维特鲁威（Vitruvius）的罗马人，他生活在大约公元前 80—10 年。他是我们关于希腊建筑著作的主要信息来源。

维特鲁威在法诺（Fano，位于意大利）城建了一所巴西利卡（已不存在），但他的大部分职业生涯为尤利乌斯·凯撒（Julius Caesar）军队设计和制造武器。在高卢（位于法国）战役期间，他设计了古代的弩炮、射飞镖的扭转动力弹射器以及一个被称为"蝎子"的更轻巧的版本。这份工作让维特鲁威获得了养老金，这是一项改变生活的福利，使他从军事生涯中解脱出来。他利用自己的稳定收入和自由时间，在公元前 30 年—前 22 年写了《建筑十书》（*The Ten Books on Architecture*）一书。

维特鲁威将他的书献给"凯撒"，但这并非他曾经服务过的尤利乌斯·恺撒（此人已经在公元前 44 年被暗杀）。恺撒死后，他年轻伟大的侄子和养子屋大维（Octavian）巧妙地挫败了更老练的对手们，夺取了罗马的控制权。公元前 31 年在亚克兴战役中屋大维·凯撒击败了马克·安东尼（Mark Antony）与克莉奥佩特拉（Cleopatra），四年以后，获"奥古斯都"（Augustus，即"高尚的人"）称号。奥古斯都·凯撒统治了罗马 45 年，建立了一个新的、稳定的权威时代——罗马帝国。维特鲁威恭敬地向这个世界上最强大的统治者凯撒呈上他的作品。

已存在的建筑师写的书籍，大多描述特定的项目或特定建筑物的风格。维特鲁威则把建筑学完全作为一个学科来对待（10 代表完整的数字），他声称这是从未被尝试的。虽然他用作参考的文学作品和大部分书籍都是希腊语，但他使用罗马本国语言拉丁语进行写作，这使他的书广受管理罗马的建设者欢迎，同时这也是在奥古斯都时代通过拉丁文学提升文化自豪感的一部分。维特鲁威承诺这部书将确保奥古斯都的纪念碑将"抵得上 90 代子孙做出的成就"。[1] 他解释道:"优秀的建筑将进一步增加罗马和奥古斯都的荣耀。"

★ 平衡与全面:维特鲁威式建筑师

维特鲁威认为伟大的建筑来自知识渊博的建筑师,他的书提供了已知最早的关于建筑师所需教育和技能的描述。他认为,建筑主要基于知识学习和工艺经验。维特鲁威写道,建筑师的知识是"实践与理论的孩子",是两者的结合。[2] 建筑师必须把教育、抽象推理运用于解决实际问题。无论是单一的手工还是严格的理论训练,都会限制他(在维特鲁威时代通常是"他")能力的发展和职业的成功。

维特鲁威指出建筑师必须要学习 15 门科目。其中有 7 门被称为"自由艺术",标志着一个人所受的教育,也为建筑师提供了有用的技能。语法、修辞学和逻辑,是沟通与谈判的艺术,可以提高恰当的口头表达和制造有说服力论点的能力,这是获得职业成功的关键。算术、几何、天文学和音乐理论,是数学的有效分支。算术和几何精确地服务于商务和设计。虽然天文学和音乐理论似乎与建筑并不相关,但它们通过比例的概念与设计相联系(见第五章)。

该清单还包括绘画和艺术,这让人学会图形的表达;还有光学,以确保空间有足够的自然光。维特鲁威还要求有历史、哲学、法律和医学的知识。他解释说,历史可以帮助建筑师做出正确的联想,因为他们要通过建筑形式讲故事。对于维特鲁威而言,哲学包括伦理学、行为和道德的原则,这些将为建筑师赢得信任和尊重。除此之外,还要有物理,材料和结构的研究。我们可能会好奇为什么还要医学和法律知识,建筑师还必须是医生和律师吗?维特鲁威说"不",设计师仅仅需要知道一些,足以确保其结构不让居住者生病即可,同时他们也必须处理财产的界限、建筑规范和合同。

---

[1] Vitruvius, *Ten Books on Architecture*, trans. M. H. Morgan (Cambridge: Harvard University Press, 1914), p4.

[2] Ibid., p5.

维特鲁威并不指望建筑师是一位全方面的专家，而是应了解每一个方面是如何影响建筑的。他认为建筑师应该是通才，综合了各类知识，并且能够解决复杂的问题。这种教育所发展的判断应该是健全的、见多识广的、实用而有责任的。建筑师的建造知识，是通过有经验的工匠带学徒的方式来获得的。有抱负的工匠从当学徒开始，而他们的贵族同行则研究语法和哲学。维特鲁威了解希腊，接受了通才教育，并在后来获得他的建造技能。

维特鲁威并不是专业的学者，而是经过多年的实践后从事写作，他甚至为他的书不加修饰的风格向奥古斯都道歉。然而，他的方法在思想上是充满雄心的。他把实践性很强的对象与当时最先进的科学方法结合起来。该书模仿了亚里士多德，使用了分析法，即把一个事物"划分"成若干个组成部分，揭示其自然规律。揭示了建筑师知识的每个组成部分后，维特鲁威以相同的方式审视建筑。

★ 六要素、三部门、三原则和工程

维特鲁威通过三种方式，把建筑划分三个时期来分析建筑。他在"建筑的要素"中提出"经济、礼仪、秩序、韵律、对称、布局"6个要素说明了建筑师应如何进行设计。

经济（在希腊语中是"家庭管理"）是资源的有效利用。建筑师应该对他们所能够获得的材料、场地和预算物尽其用。礼仪确保了建筑的形式和风格都适合它的目的。他解释说，为一位伟大的神灵建一座小庙或为一位谦逊的伟人建造一所豪华的大房子都是不合适的。

对称、秩序和韵律，有相似的含义。今天的"对称"描述的是沿一点旋转或沿一条轴做镜像的一种形式。对于古人来说，这意味着所有的尺寸都是一个模块的倍数。秩序与韵律描述的是和谐的视觉效果，即一种"对称"或按比例设计的对象。"布局"指把建筑物各部分组织成浑然一体，这最接近现代"设计"的概念。维特鲁威所说的"布局"是"反思"和"发明"的结果。它需要理性和预见创新可能性的能力。

然后他用希腊名字描述了三种绘图类型：平面图，代表建筑结构被水平切片，从上面看下来的样子；立面图，显示在垂直表面的所有特征，现在任何比例精确标准的绘图都称为"正投影法"；透视图，源于剧场的背景上三维的视觉场景。幸存的希腊和罗马的艺术品中显示了艺术家在刻画空间中的物体上是多么令人叹服。这三种绘图类型仍然用于今天的设计实践。

维特鲁威还提出，建筑有三个"部门"：建造、计时器和机械。建造是理所当然的，而机械则反映了希腊传统，又体现了维特鲁威的职业。"计时器"是三个中最令人意外的，还有日晷，天文学的另一种应用。维特鲁威最后对建筑的最简短而普遍的定义，也是他最著名的好设计"三原则"，通常称为维特鲁威建筑三要素，是"坚固、实用、美观"。"坚固"意味着坚实和耐用，建筑必须持久而耐用；"实用"是指功能效用或有用性，建筑必须履行某些具体的工作；"美观"来自于罗马的美神维纳斯，表明建筑不仅要坚固和实用，还必须要赏心悦目。

一台机器的外形很重要吗？维特鲁威显然是肯定的。他的建筑师设计和建造任何有用的东西，而任何好的设计都需要兼备强度、实用与美观。他在《建筑十书》中的两本中提到了机械、道路、桥梁和沟渠，所以这些也不是无关紧要的东西。罗马擅长建造基础设施，这要归功于源自拉丁语中的"工程师"。"Ingenium"可以表示一种个人的技能或天赋，又或者是一个聪明的、栩栩如生的机械的装置。"发动机"（Engine）、"工程师"（engineer）和"灵巧的"（ingenious）都共享着这个词根。"建筑师"来源于监督工匠的工作头衔，而"工程师"歌颂了设计的创意。

然而，设计领域之间的区别在不经意间产生了。弗朗提努是一位1世纪的罗马贵族，他管理着罗马的供水系统，在他的一本关于导水渠的书中，他表示这些"不可缺少的结构"（指水渠）相对于那些著名建筑杰作（如"闲置的"大金字塔和"无用的"的希腊神庙）更有价值，因为清洁的水对健康和生存是至关重要的。弗朗提努对基础设施优于文化建筑物的偏好，预示了我们现代对"实用的"工程和"艺术的"建筑的区分。

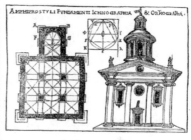

图 4.3　维特鲁威《建筑十书》第三本中关于平面图和立面图的内容；
Cesariano 1521 年出版（感谢罗马美国学院图书馆）

★ 城市与维特鲁威的遗产

虽然在自己书中没有明确，但是维特鲁威期望建筑师去设计城市。他描述了一座理想的环形城市，有八条街道由轴心像四面辐射出来。这一布局体现了当时的知识，古人相信温度、湿度和风会影响健康。希腊人识别了八种来自不同方向的风。任何方向的风直接对着人吹都被认为是不健康的，因此为了避免这些风，街道被调整了。

虽然维特鲁威城市理念体现了近期希腊学科上的争论，但他从来没有提到古罗马兵营。相对于记录当时的建筑实践，他更乐于从书籍中提炼知识，并辅以自己的经验，得到全面的思路，用以提高和改善罗马建筑。大多数维特鲁威参考的资料已经遗失，所以《建筑十书》提供了关于古希腊建筑思想和实践的无价标本。但他无法解释奥古斯都的接班人掌管下的罗马建筑的未来。这在接下来的四个世纪里显现出来。

维特鲁威关于建筑师的样本的描述表明他自己所受的培训就是一个典范。我们不知道他那个时代的典型建筑师是否如他规定的那样也知道哲学、修辞、石材切割和武器设计，但是《建筑十书》的确成为以建筑为主题的重要资源，或许也传播了维特鲁威的专业模型。罗马帝国广泛建立的遗产，当然需要他所提倡的这种博学的、具有创造性且务实的问题解决者。但是，除了少数人能取得了个人名声外，大部分人仍然在帝国官僚机构中，为了皇帝的荣誉默默工作。

维特鲁威也许希望他的书会让奥古斯都任命他为建筑顾问，但除了《建筑十书》，没有关于他事业的其他证明。建筑无疑是奥古斯都巧妙地为其统治策划的众多支持方法之一，他自豪地宣布，他将罗马从一座砖城变成一座大理石城，使他的首都像希腊城市一样不朽和辉煌。[1] 我们不知道维特鲁威的话是否影响了奥古斯都的策略，但他的确把建筑转变为一项研究领域，并把实用的准则放上了书架。无论他是否加入了奥古斯都的核心集团，维特鲁威的书都为他赢得了不朽，并从此影响了建筑学。

★ 中世纪的建筑大师

维特鲁威的书因中世纪修道院的保存和复制流传了下来。然而他对建筑师的定义并没有反映中世纪建筑工作的社会组织。古罗马建

---

[1] C. Suetonius Tranquillis, *The Divine Augustus*, trans. E. S. Shuckburgh (Cambridge: Cambridge University Press, 1896), 28. 3.

筑行业各有一个协会或组织，后来演变成中世纪的木匠行会和石匠行会。在一个行会作坊内，熟练的工匠可以升级为建筑大师，负责设计和监督施工。

到了 12 世纪，西欧中世纪的建筑大师已经建造了宏伟的建筑，这些项目要求其具有一流的工程技术、逻辑严密的协作和富有经验的艺术家般的眼力。这些作品展示了他们的智慧和专业知识，我们知道他们富有文化修养，绘画技巧经验丰富，而且熟谙几何学。然而，建筑施工是一种"机械的艺术"或工艺，社会地位低于那些只能够通过宗教教育的渠道学习的知识领域。这阻碍了维特鲁威为促进建筑师而提出的均衡结构。当受过良好教育的杰出修士阿伯特·苏杰（Abbot Suger）在 1149 年撰写他关于新哥特式风格的起源和含义的报告时，他没有费心去点出是哪一位建筑师傅缔造了这些建筑。

哥特式建筑师发现了其他方式来庆祝他们的成功。法国的兰斯大教堂有一块雕刻着一位男人像的石板，该男子手臂中抱着该教堂模型。题词是："休·利贝热尔（Hugh Libergier）在此长眠，他于 1229 年开始着手建造这座教堂，并于 1267 年辞世。"

这是有名有姓的个人被记入一座教堂建设的开始。休的服装表明他是个俗人而非牧师。他被一个指南针、一个直角尺、一个长的测量器具所环绕。所有都是几何研究制图和施工的仪器，并在建设中使用——这是一位博学的建造者的徽章。休是最开始指导兰斯教堂的一位建筑师。另外四个主要建筑师的名字藏于教堂地板上的迷宫里，是代达罗斯匠心独运的建筑艺术的一大特色。哥特式建筑师把他们职业的自豪感和古代专业性的文化遗产写在了石头上。

★ 塔、穹顶和托斯卡纳的匠人建设者

许多哥特式的建设者都有着国际化的职业生涯，把这新的风格传播到不列颠、波兰、西班牙和意大利。然而在中世纪晚期的佛罗伦萨，一座新的大教堂的钟楼委托给了一个充满好奇心的人：乔托·迪·邦多纳（Giotto di Bondone）。乔托是一个训练有素的工匠，但不像大多

数建筑大师一样擅长石工或木工。他是一位画师，同时也是一位建筑外观而非力学的专家。

佛罗伦萨的其他重大建设项目，由雕塑家进行管理，其木材和石头雕刻的技能，更能够称为建筑技能。雕塑家阿诺尔福·迪·坎比奥（Arnolfo di Gambio）修建了韦奇奥宫，即佛罗伦萨的市政厅，并在1294年设计了一座重建的5世纪大教堂。阿诺尔福的教堂以穹顶覆盖在平面十字交叉的中心为特色，像佛罗伦萨最大的本土竞争对手比萨和锡耶纳的大教堂一样。教堂的设计后来扩大到包含一个极大的穹顶。建设一直持续到15世纪早期，但如何完成它却成为一个问题。佛罗伦萨的建筑野心已超出其力所能及。

扩大的八边形穹顶基座高达170英尺（52米），其直径超过140英尺（42.7米）。换句话说，他们试图建造自古以来最高的哥特式拱顶。石拱券和穹顶通常是在木质框架上施工，即"核心定位"，这一办法能够把石块就位，直到拱券或水平线条完成并固定为止。用来从中心支撑起这样一个规模穹顶所需要的木材，其费用甚至超过穹顶本身。佛罗伦萨巨型的新教堂仍然没有完成，这没有完成的城市骄傲反成了尴尬。

解决方案来自一位建筑行业以外的工匠，佛罗伦萨人菲利波·布鲁乃列斯基（Filippo Brunelleschi）。他在14世纪末接受了法律和商业的教育，后来他转而追求身份地位较低的工匠行业，成了金匠和雕塑家。1418年他赢得了一场竞赛，坚持实施一个可以建立没有核心定位的架构计划。穹顶的外观设计已经基本建立了；布鲁乃列斯基的设计创新是确定在其内部的：支撑两层壳体的肋形框架。其对数十个建筑结构创新的解决方案消除了对"核心定位"的依赖，其中包括悬臂脚手架，铺设砖块，把原材料提升到几百英尺的高空等。

16年后，佛罗伦萨拥有了自己的穹顶。布鲁乃列斯基开始是与其他人一起分担工程的监理工作，但后来通过自己的创新完成穹顶并获得个人荣誉。我们一定好奇一个金匠如何能解决建筑上如此伟大的一个挑战。原因之一是布鲁乃列斯基在1401年前往罗马研究古代雕塑。在那里，他逐渐对古罗马建筑越来越感兴趣。全城保存最完好的古建

图4.4　布鲁乃列斯基，佛罗伦萨主教堂穹顶，1420—1436

筑万神庙证明了罗马人已经可以建造一个大穹顶，几乎和佛罗伦萨需要的一样大（见图4.4）。它的存在无疑印证了布鲁乃列斯基的坚持。

　　在罗马的停留使布鲁乃列斯基转变为一位专业的建筑设计师。他良好的教育、综合的创新能力和矛盾的社会地位，更像是维特鲁威定义的建筑师，而非哥特式的石匠师傅。布鲁乃列斯基位于圣母领报大教堂的孤儿院为佛罗伦萨首个正规的城市空间格局设立了榜样（见图3.4）。该项目和其他项目开创了"安迪卡"（all'antica）或"古典风格"的建筑，即现代建筑物所模仿的所谓古罗马的设计。这并不简单，文艺复兴的意大利人与古罗马人已相隔一千多年的历史。如万神庙等为数不多的古代建筑物是仅存的指导性样板，但要挖掘碎片，整理组装，理解其建筑意义，需要花几个世纪，这项工作直到今天仍在继续。

★ 阿尔伯蒂：古代的建筑，现代的使命

作为一位杰出的文艺复兴时期的思想家，利昂纳·巴蒂斯塔·阿

尔伯蒂（Leon Battista Alberti）说服人们去尝试发现和研究古代建筑物这个困难的任务。阿尔伯蒂在博洛尼亚大学取得了教会法的博士学位，并被任命为牧师。他在教廷工作，那是罗马教皇的官僚机构，用拉丁文书写文件。拉丁文是教会在公务和正式讨论时所使用的语言。阿尔伯蒂还使用拉丁语和意大利语在广泛的学科出版了几十部著作。他是一位人文主义者，是着迷于古代文化知识分子中的一员。那些保护古希腊和罗马著作的中世纪学者尊崇他们的智慧，但却赋予基督教著作终极权威。人文主义者以不同的方式阅读古代文学，并把其作为一种最好的可能的写作风格模式。他们想知道现代人是否可以拥有古代作家的雄辩能力，或他们所描述的艺术成就。

1434 年，当教皇离开危险动荡的罗马前往佛罗伦萨，30 岁的阿尔伯蒂是随行人员之一。在佛罗伦萨，教皇有更多的支持者。在那里他们看到了布鲁内列斯基的穹顶，穹顶仅仅完成了两年时间。阿尔伯蒂为这伟大的作品所震惊，"大到足以装下托斯卡纳所有人，因为它没有任何梁或木柱支撑。"他认为"这种事在古时候也未曾有过"。[1] 这是一个现代的成就，不仅可与古代的成就相媲美，甚至超越了古代：一个体积大于万神庙的穹顶，开始超过一百英尺的高度，甚至飙升 2 倍以上，达到 300 英尺（91.4 米）。

图 4.5　阿尔伯蒂，带自画像的青铜奖章，1435，国家艺术画廊，华盛顿

布鲁内莱斯基仅仅是众多革命性的佛罗伦萨工匠中的一位，城市的画家、雕塑家和陶艺家产生了

---

[1] Leon Battista Alberti, *On Painting: A New Translation and Critical Edition*, trans. R. Sinisgalli (Cambridge: Cambridge University Press, 2011), p18.

许多新的艺术，可以与古人比肩。阿尔伯蒂迷上了这个世界。他参观了艺术家的工作室，学习雕刻自己的青铜自画像。

阿尔伯蒂无意间成为以制造物品为生的工匠；除了年级太大，还因为这是比他作为一位神职人员和知识分子地位要低级的职业。他倒是运用自己作为一个作家的技巧，推进了这些艺术运动。阿尔伯蒂撰写了两本书，分别关于绘画和雕塑的，这是有史以来第一次专门为这两个职业写书。这两本书结合了古代文献的信息与在佛罗伦萨工坊里应用的现代技术。

当时阿尔伯蒂的一位同事带了一本不同寻常的维特鲁威书的完整副本到意大利，这给了他一个充满希望的机会。他可以研究维特鲁威曾亲历叙述的古建筑，并用自己的智慧来丰富当时的设计改革。尽管有着丰富的古文献学术知识，但阿尔伯蒂发现《建筑十书》因为其过时的术语和晦涩难懂的描述仍然很难读解。维特鲁威的这本书已经历经 1 400 年，这唯一幸存的建筑古老文字却阻碍着专家读者。这引发了阿尔伯蒂启动他最雄心勃勃的智力项目：自己写一本关于建筑的书。

★ 新的和更好的：阿尔伯蒂的《论建筑》

阿尔伯蒂的《建筑论》（又名《阿尔伯蒂建筑十书》，约 1450 年出版）是以维特鲁威为例形成的，甚至是重复了很多他的文段和思路。该书分为十卷，表达了阿尔伯蒂与维特鲁威想要全面地讨论这一学科的相同意愿。他也表达了他关于研究维特鲁威的挫败感，说他"与其写一些我们无法理解的东西，还不如什么都不写" [1]。阿尔伯蒂需要澄清许多维特鲁威自以为读者会知道的东西，甚至一些在历经一千年后没有保留下来的原始简图。阿尔伯蒂是一个专业的作者，同时其写作水平在退休的陆军工程师里难得一见。

---

[1] Leon Battista Alberti, *On the Art of Building in Ten Books*, trans. Joseph Rykwert and John Tavernor (Cambridge, MA: MIT Press, 1988), p154.

如果说维特鲁威的组织结构看起来杂乱无章，那么阿尔伯蒂的则是清晰明了。他赞赏维特鲁威的"建筑三原则"，并把这作为一个组织体系。第一卷系统地定义了所有的术语，这是维特鲁威从来没有做过的；接下来两卷讨论了结构和材料（坚固）；再接下来的两卷提出了不同建筑类型服务于不同的目的（实用）；另外的四卷解释了如何通过装饰和比例来美化建筑（美观）；最后一卷则涵盖了维特鲁威不需要的话题：古建筑的修复。

和维特鲁威一样，阿尔伯蒂用拉丁文撰写这本书，但这在他的时代却有不同的意义。维特鲁威运用拉丁语是尽可能地让他的书便于理解，而阿尔伯蒂复杂而精确的拉丁文只有高学历的人——例如统治者和他们知识渊博的谋士（通常是人文主义者）才能够理解，他们也是决定要建什么的人。他的书促进了另一种古老的语言——罗马建筑。阿尔伯蒂通过阅读维特鲁威的书来研究这门"语言"，但并不止步于此。在教皇回到罗马之后，他像布鲁乃列斯基一样，开始探索、测量、调查，并考究城市的古迹。他的书汇总了他所研究的许多古代作家的著作、自己第一手的观察资料以及他对现实的思考，这在他看来是基础的学科。

阿尔伯蒂的在引言里解释为什么建筑值得如此研究时，运用了与维特鲁威相似的论据，即好的建筑可以保障安全，提供舒适并构建社会。精心设计的建筑也能给它们的创造者带来愉悦、自豪和长久的荣耀。正如维特鲁威对奥古斯都那样，阿尔伯蒂呼吁他的领导人：好的建筑能产生更多的快乐，减少反叛的因素，让未来世代敬仰你的统治。

阿尔伯蒂关于建筑师的定义，强调权威性的平衡。他看重专业建设工匠能够生产坚实、实用的结构的能力。然而，他写道，"木匠（建设工匠）只是建筑师手上的一个工具。"[1] 他区别了那些建造者和那些决定要建造什么的人。对于阿尔伯蒂来说，一个建筑师要修建出特殊的建筑来证明其伟大。这需要有创意的空想家，以充足的实践确保其设计的可行，更像伊姆霍特普而非伊克提诺斯。

---

[1] Leon Battista Alberti, *On the Art of Building in Ten Books*, trans. Joseph Rykwert and John Tavernor (Cambridge, MA: MIT Press, 1988), p3.

阿尔伯蒂概念里的"建筑师"不是一个受过教育的手工匠，而是积极的学者，他在建筑过程中运用其智慧和想象力。他抽象地思考好设计的原理、理论和如何通过建设体现它们。阿尔伯蒂深信，古老的建筑展示了这些原则：一个设计师应该能像他用拉丁文写书一样流利地"说"出这种古老的设计语言。像维特鲁威一样，阿尔伯蒂的"建筑师"是一个自画像，但就他的情况而言，我们知道这种说法是有预见性的。他对古代建筑专业知识的精通为他开启了第二个职业生涯，作为设计顾问，他为统治者和他们的建筑大师提供如何修建"完全古代的"建筑的建议。他的设计通过图纸和模型传达，他还指导整个项目的建设。根据他自己和后人的定义，阿尔伯蒂是一名"建筑师"。

★ 书籍、图片和建筑师

阿尔伯蒂的书曾被遗忘。但发生在 15 世纪 40 年代的一场技术革命，扩大了包括阿尔伯蒂的书在内的所有书籍的影响：约翰内斯·古腾堡（Johannes Cutenberg）的活字印刷术。在这以前，印刷需要雕刻一个整页的阴模，或者手抄一本书。手稿（手写）书是罕见而珍贵的物品，为富人所有，它代表了上百小时的人工劳动。微小的字块使一张新的文本页面能够被快速排版，并使生产上百份复制品像生产一件复制品一样简单。

古腾堡的第一本机械印刷书籍是《圣经》（约 1454 年），这促使其他数十本书开始印刷。印刷书籍变得更加便宜和普及，引发了欧洲知识、文化和宗教的革命，出版的著作覆盖更广泛的人群。阿尔伯蒂的《建筑论》在其在世时以手抄版本流传，于 1485 年成为建筑学的第一本印刷书，维特鲁威的《建筑十书》随后于 1486 年印刷。随后，学者们出版了更多的版本：带插图的版本于 1511 年出版，意大利语版十年之后出版（见图 4.3）。这使读维特鲁威的《建筑十书》变得更加容易，也使更多的人想要去读。

阿尔伯蒂保持着知识分子的权威，但维特鲁威的《建筑十书》更受欢迎，尤其是在专业的建设者眼中，它成为建筑师的"圣经"，因为这是一本有据可依的古代参考。虽然维特鲁威的著作缺少润色，但受过教育的工匠依然认同他的作品。但随着越来越多的文艺复兴艺术的工匠购买书籍并开始写他们自己的书时，他们更接近了（虽然很少实现）阿尔伯蒂的学者型建筑师的设想。

塞巴斯蒂亚诺·塞利奥（Sebastiano Serlio）是16世纪的一位画家、建筑师，他继承了巴尔达萨雷·佩鲁齐（Baldassare Peruzzi）的一部论文草稿，然后完成并分阶段出版它。塞利奥的书是意大利语的，且着重说明木刻图像，不像阿尔伯蒂在设计哲学上的废话连篇，该书对建设者来说是更实用的设计指南。另一位画家建筑师是贾科莫·达·维尼奥拉（Giacomo da Vignola），他的16世纪60年代出版的书有很多插图，其中满是标注尺寸的雕刻，很少文字；直到20世纪初它一直是设计的标准参考。

但最成功的文艺复兴时期的建筑书籍来自安德烈亚·帕拉第奥（Andrea Palladio），他原本是个石匠。有一个人文主义者雇主察觉到他的潜力，并资助他的教育。经过几十年的实践，帕拉迪奥前往罗马，为维特鲁威的书的新版本绘制插图，并出版了他自己的《建筑四书》（1570年）。该书提出了抽象的概念，但主要是通过举例来解说优秀的设计。帕拉第奥绘制古代建筑插图，再加上他自己的几十个项目，同时对每一个场地、客户和用途都有简洁务实的描述。帕拉迪奥的书以及他的作品誉满全球，这表明写作也可以和建筑一样，可以使建筑师的名字及其想象力不朽（见第二章）。

★ 新武器、新城市：防御工事设计

文艺复兴时期的建筑师们还被要求设计城市和防御性的城墙，这是有1 800年历史的石弩决定的：高大的围墙挡住抛射物，圆形的平面抵抗冲击。但在1453年，奥斯曼军队占领君士坦丁堡，结束了延续千年的拜占庭帝国。他们还引进了欧洲的火药和大炮，可以穿透高而薄的石头墙，使现有的防御系统过时。费拉来得的"外圆内星形"城市规划是他对新威胁的应对（见第三章），阿尔伯蒂主张类似的"锯齿"几何形城墙。新一代设计师弗朗西斯科·迪·乔治·马蒂尼（Francesco di Giorgio Martini，1439—1502年）后来为城市应对大炮发明了新的、更有效的方式。

迪·乔治在机械设计方面具有特殊专长，同时也是一位画家、雕刻家、建筑师和水利工程师。他的《建筑学、建筑工程和军事设计的论文》（1495年）显示：作为防御结构，厚重且磨损的（斜）墙吸收的冲击和偏转射击比垂直的墙体更多。尖尖的堡垒从城市向周边延伸，允许防御者的炮覆盖更多区域。时间久了，这形成带有多个堡垒的星形围墙系统，环以护城河和倾斜的土方工程，为城市抵御当时的炮火。建筑师文森佐·斯卡莫齐（Vincenzo Scamozzi）出版的《理想城市计划》反映了其中的发展以及在帕尔马诺瓦的实现。帕尔马诺瓦是一座罕见的全新文艺复兴城市，建于1953年威尼斯的东部，作为抵御奥斯曼的前哨。

文艺复兴时期的建筑师把设计的专业知识运用于需要的桥梁、机械或教堂设计中。但在第16世纪，防御工事的设计变得更加复杂、更具战略性，因此这项技能获得了特殊价值。现代化城市的防御开支使在一座城市里插入新的广场和笔直的街道的花费相形见绌。这一新的设计科学在意大利发展起来，但半岛上的很少小城邦可以充分地实

图 4.6 文森佐·斯卡莫齐，帕尔马诺瓦，意大利，始于1593年

施它。意大利防御工事专家在欧洲大陆的帝国发现了有前途的就业市场，如奥地利和匈牙利。维也纳的"靶心"平面（见第三章）诞生于1529 年，在这之前帝国首都几乎败于奥斯曼帝国的军队。

皇帝花巨资用露天的斜堤替换带尖堡垒的中世纪城墙。这笔巨大的投资到了几乎是 150 年之后的 1683 年才还清，当时维也纳已抵抗了奥斯曼的另一场围攻。禁锢 19 世纪巴塞罗那的防御城墙建于 1697年发生的一场攻击之后，该攻击来自最大、最具侵略性的力量：法国。

★ 法兰西：陆军工程师和建筑部门

路易十四在 1643 年至 1715 年间统治法国，是欧洲历史上在位时间最长的国王（他 4 岁时成为国王，共在位 72 年）。虽然凡尔赛宫以表达"太阳王"对荣耀的欲望称著，但他最大的重点要务却是战争。路易十四在军事活动上花了 75% 的国家预算。其中一笔不寻常的费用是维持一批专职的军事工程师，即工程师军团，该团在 1691 年编号为 275。该军团在国王的军事抱负中扮演着战略性的角色，同时也把这种设计的专门化发展成专业的职业生涯。

工程团由一位服务于路易十四的贵族成立，即沃邦侯爵（Vauban）。沃邦在数学和科学方面接受了精英教育，但当他的特权家庭落难，使得他不得不为谋生而工作时，他作为一名军官加入了路易十四的军队。在 1663 年，路易十四开始个人统治之后，他决定夺回法国周边有争议的领土，并且尽可能地扩张。沃邦善于突破城市防御并且建设新的、坚不可摧的防御。他收复围攻的每一座城池，并从未失守过一座他所防御的城池——完美的防御记录毫无疑问使国王非常高兴。

他的防御今天被称为"沃邦防御工事"：在星形的基础上有些许设计创新，即沿着周边建城堡。因为纯粹的体积他们赢得了一个标签：沃邦在法国内建造了 37 座全新的城，包括沿法兰西平原的一系列"战城"，那原本是脆弱的东北边境。其中有数十座城市被重建，速度之快经常打破纪录。当法国于 1668 年夺回比利时边境的里尔，全新的星形城堡便在两年后建成，相比之下重建维也纳的防御却用了将近二十年。

这一数量、速度和可靠性来自一场政府管理的革新。在沃邦的带领下，专职的专业兵团把战场经验转化为可靠的策略和固有的程序。这一协调的官方机构是管理国家建设的三个机构之一。除了军事建筑，还有一个办公室负责管理"国王的建筑"，如皇家宫殿。1716年，路易斯十四死后，路桥办公室成立并管理民用基础设施项目——"土木工程"。

这些办公室有着独特的专业文化、不同的侧重点和解决问题的方法。每个办公室工作的工作人员也需要特定的资格，这创造了特定形式的教育需求。军事和基础设施建设需要设计师通过合理的、可量化的、可重复的方法来解决问题。一座皇家宫殿或大教堂设计上的成功，是由技术和文化两个方面决定的。另一个皇家官方体系在路易十四分类的方式下，将"建筑"从自然科学领域的"工程"分离出来。

★ 学院、学校和设计的价值

法国学术体系为路易十四发动了另外一场不同的战争，因为国王希望他的王国是欧洲最好的，不论是在军事上或是文化上。法国文学、科学、艺术都应该首屈一指。法国文化部长为每个学科建立了独立的院校和专家委员会，以确定一个优秀总体原则，并为达到他们标准的工作保留皇室的认可权。建筑学院是最后一个，成立于1671年，它使法国建筑师为国王而建设的智慧和理论转向民间。

学院还经营附属学校，教授各学科的有效方法，并培育"真正的"经培训的从业者。19世纪早期的重组把建筑、绘画、雕塑合并成一个学院。其附属的巴黎高等美术学校，提供了世界上最有影响力的建筑专业教育，尤其是在19世纪30年代它开始接纳国际学生之后。学校管理招生考试，提供历史、理论、科学、结构等方面的课程，发布和审查使学生能够获得更高起点的设计竞赛。但巴黎高等美术学校的教育更多发生在学校之外，例如在一间画室或工作室里。学生们会租场地，用来让专业的建筑师或者学校的教授来检查他们的工作。学生们在画室学到的设计和绘画大多是相互间学习的。

　　巴黎高等美术学校着重强调图解性的设计：每个项目都始于简单图示，这称为"出发点"。在顶级比赛中，学生们创造自己的"出发点"，然后把它给评委团。完成的项目几星期后提交，要么体现这一"出发点"，要么被取消资格。美术学校的计划有明确安排，并非常有条理。学生们通过精心的构思和丰富的渲染图介绍项目。渲染图颜色浸染、装饰细腻、投影生动地表现设想的建筑。

　　巴黎高等美术学校奖励采用古典建筑风格的设计，阿尔伯蒂倡导使用受认可的历史风格。其最高荣誉是"罗马奖"，这是在"永恒之城"的一个多年的、政府资助的奖学金。建筑师将学习如何用纪念性、标志性的公共建筑——宫殿、教堂、纪念馆来美化法国。虽然巴黎高等美术学校传授结构和材料，但其重点并不在于实用性和经济性，而在于艺术伟大的建筑物。后来弗龙蒂努斯（Frontinus）发现那被高估了。

　　他更喜欢成立于1756年的道桥学院，该学院以培养土木工程师为主，还有成立于1794年培养军事工程师的理工学院，取代其保皇派的前身（仍然由法国国防部管理）。这两所学校都教数学、物理科学、力学和结构分析。设计和建筑施工课程强调合理性和效率。

　　法国的工程专业毕业生的价值在其他国家是显而易见的，包括年轻的美国。美国第一所工程学校是西点军校，该校位于纽约州哈得逊河上一座防御性的堡垒，它同时是美国第一所国家军校。西点军校1817年设立的工程课程是仿照了法国理工体系。早期的军校学员学习法语并使用巴黎的教科书。公共和私人合作机构聘用工程师建设快速扩张的国家交通基础设施。更多的工程课程开始于19世纪30年代。1862年的《赠地法案》支持工程和农业方面更高等的教育，因为这可以直接使经济发展受益，而建筑师的价值却是很难量化。

★ 美国的建筑师

　　来自欧洲熟练的建筑工匠不得不在新大陆寻找足够的工作。早期的美国建筑师通常是专业的工匠型建设者。少数是通过工作室学徒制学到绘画和设计的全职设计师。第一个接受正规建筑教育的美国人是理查德·莫里斯·亨特（Richard Morris Hunt），他于 1846 年进入巴黎高等美术学校学习。亨特后来为巴黎的建筑师工作，1855 年他带着世界级的文凭回到纽约。亨特的回归有助于把法国学院派风格的设计带给美国受众。

亨特的精英设计专长吸引了富裕的家族，如范德比尔特（该家族通过工业已经积累了巨大的个人财富）。他们雇用亨特设计建筑用以凸显他们在铁路方面的成功：在纽约市建造豪华的范德比尔特住宅；在罗得岛建造度假小镇纽波特；在北卡罗来纳州建造比尔特莫尔房产。他们和"镀金时代"的其他精英家庭一样也热衷公共慈善事业，他们赞助像纽约的大都会博物馆和公共图书馆这样的文化机构。亨特来自巴黎的建筑专业特长确保富有的、国际化的客户所捐助的建筑物不负欧洲水准。

亨特在纽约的办公室成了"现成的"设计学校，这是一个巴黎高等美术学校式的工作室，在那里他用法国的方法培训学徒。其他有抱负的美国建筑师也到巴黎学习或到美国有建筑课程的大学中学习，如 1868 年的麻省理工学院。这些学校大部分沿袭了巴黎高等美术学校的模式，个别学校还聘请了一些法国的设计教授。美国建筑师学会作为一个专业化组织，定义了建筑学是为在美国的建设实践中特定的、以精英为主的子集。建筑师通常管理看重艺术品质的项目，而工程师提供了高效、实用的解决方案。然而，这个 19 世纪看似清晰的划分掩饰了建筑和工程之间越来越复杂的关系。

★ 工业材料和建筑革命

工业革命同样影响了结构的材料，比如钢铁。它很早就在建筑中使用，但是因为它是手工制作，成本高昂，所以用得很节制。在 18 世纪的英国，焦炭冶炼及钢铁的工业化生产大大降低了成本，提高了可用性，这革新了未来世纪的建筑施工。在 19 世纪，法国工程师和企业家古斯塔夫·埃菲尔（Gustave Eiffel，1832—1923 年）创办了一家公司，专门从事钢铁桁架铁路桥。这些铁路桥跨度需要同时承受列车的重量和振动。并使轨道水平形成直接高效的路径，在以前这是不可能实现的。1884年，他的两个设计师好奇桁架结构除了跨度很大外还能够做多高。他们计算出一个铸铁塔可高达300米（980英尺）。现代的材料可以轻易地超越作为世界最高建筑纪录保持了近4 000年的139米（455英尺）的胡夫大金字塔以及当时最高纪录169米（555英尺）的华盛顿纪念碑（并且质量仅为后者的12%）。

图4.7　古斯塔夫·埃菲尔等公司，嘎拉比特高架桥附近烯马尔热里代，
法国，1880—1884

　　世界著名的埃菲尔铁塔，是为1889年在巴黎举办的世界博览会而建的，直到1930年纽约的克莱斯勒大厦建成以前它一直是世界上最高的建筑。该塔原本计划是一座临时建筑，如今却成了巴黎、法国工业和现代工程技术的象征。对于许多人来说，埃菲尔铁塔是惊心动魄的奇观，其观景台提供了新鲜精彩的景观。也有人认为它是一个狰狞庞大的外来物，损害了奥斯曼大街的典雅美丽的市容景观。对于建筑师，它提出了一个棘手的问题：这个构筑物对他们来说意味着什么？一个根植于传统的行业必须面对其与流行文化关系。

★ 勒·柯布西耶：建筑师和工程方法

许多 19 世纪新的建筑类型，包括火车站、百货公司、带顶棚的市场，把历史上孕育立面所提供的传统"建筑"尊严、高科技"工程"的钢铁和玻璃屋顶所提供的大跨度和自然采光结合在一起。这些建筑区分这些元素的方式在其他建筑上并不适用，例如托马斯·沃尔特（Thomas U. Walter）为华盛顿特区的美国国会大厦设计的新的巨大穹顶。该穹顶不仅必须从远距离视觉上控制整个城市，同时还要满足国会的节俭预算。现代工程能满足这些限制，然而礼仪上要求传统的"建筑性"外观。该解决方案是三穹顶：两个可见的壳型，一个在外部，另一个在内部；它们妥帖端庄、品质优秀的外形下隐藏着第三

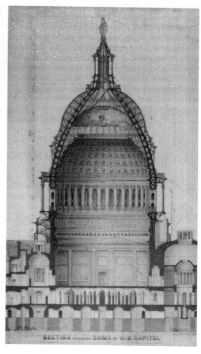

图 4.8　托马斯·沃尔特，美国国会大厦穹顶，1850—1863

个铸铁桁架穹顶。这些设计方案无论是从"建筑"中分离出工业建筑系统，抑或是把它们隐藏在一个历史性的表皮之下，都不是令人满意的解决方案。建筑师或是拥抱现代性，或是假装它不存在。

在 19 世纪末和 20 世纪初，越来越多的批评家指责生活艰难的建筑师，这要求建筑师们重新考虑自己的职业模式。最有影响力的是瑞士建筑师夏尔·爱德华·让内雷（Charles-Édouard Jeanneret），他也在 1887—1965 年使用"勒·柯布西耶"这个名字。他在 1923 年出版的《走向新建筑》一书是一次把建筑师从自鸣得意中解放出来的"辩论"，并通过这本书把他的建筑原则带入现代历史时期。柯布西耶书中最具挑衅性的一个章节指出，工程师是比建筑师更好的"建筑师"。他的同行们是"灰心而怠惰的，要么夸夸其谈要么垂头丧气"，而工程师们则是"健康而精力充沛，活跃且有作为的"。[1]

就像最有影响力文艺复兴时期的著作一样，他运用文字和图像进行论证。在一张合成照片中，法式建筑图标放在一个巨大的远洋客轮的若隐若现的剪影前。插图问道：哪一个更令人印象深刻？对于柯布西耶来说，答案显然是远洋客轮，这是说明工程师的设计比建筑师更好的例子之一。不是先入为主的强势或是历史上品种繁多的解决方案，工程师设计的形式反映了材料和形式利用的结构性高效。他们直面现实，而不是把革命隐藏在怀旧情绪之下。柯布西耶赞扬工程师，意在攻击建筑师自以为是的设计；他想激怒建筑师们，使他们改变根深蒂固的传统思想，接受现代世界的潜能。

《走向新建筑》最著名的一页是将希腊神庙和汽车并置。这种并置说明，古代的庙宇和现代的汽车都是伟大的设计，因为它们各自都是"适当地陈述问题"的产物：它们分别需要做什么？其本质是什么？什么是约束？一旦这些问题被一个可行的模型回答了，那么随着时间的推移，设计可以使这一模型变得更加优雅，甚至不断趋向以致实现"完美"——如帕提农神庙那样。

---

[1] Le Corbusier, *Toward an Architecture*, trans. J. Goodman (Los Angeles: Getty Research Institute, 2007), p94.

重要的是，柯布西耶并不想消灭建筑师。他认为工程师的设计成功具有偶然性和局限性。他希望建筑师们能以他们审美的敏感性去采纳工程师的合理方法，这样能使他们做出更伟大的设计。柯布西耶脱离了学院派建筑教育的局限，同时另一个问题产生了：现代建筑师需要了解什么？

★ 现代的学院：包豪斯学院

当柯布西耶在巴黎写作时，德国一所新的艺术学校正为现代设计教育进行革新。包豪斯学院（1919—1933 年）旨在打破"美术"和"应用"艺术（工艺）之间的区别。建筑学只是在它后来的历史时期开设，但包豪斯的思想和教职员工改变了全世界各地的建筑教育。他们认为每个设计师都应该了解从焊接到编织所有可用的材料和方法。他们通过抽象的组织原则实施设计，包括色彩、形式、对比，并考虑设计对象在工厂的大规模生产。包豪斯学院希望学生能够自由地应对现代文化，设想新的形式，探索新资源的潜力，而不被一个历史性的语汇所束缚。然而设计的探索强调工艺而非数学，其目标把创造性从传统形式中解放出来，像工程师那样。

圣路易斯拱门正是一个现代建筑师对埃菲尔铁塔的回应。芬兰裔美国建筑师伊洛·萨里嫩（Eero Saarinen）的一个巨大的拱门的提案赢得 1948 年的一场竞赛。竞赛用以纪念杰弗逊的路易斯安娜购地案。该拱门高和宽各有 630 英尺（192 米）。虽然只有埃菲尔铁塔三分之二的高度，但其激进的简洁理念是具有革命性的。不锈钢包裹的光洁悬索造型的混凝土结构，寓意抛射轨迹的数学理念和源于建筑学历史的拱门。三角形截面和立体弧度的混合展现了柯布西耶所谓的"可塑的形象"，它传达了理性和诗意。

该项目需要与结构工程师密切合作。在设计发展的过程中，萨里嫩与悬索型的外形做斗争。纯粹的几何形状并不完全符合他的目标——他期望在视觉上有"翱翔感"的拱门。是他的工程合作伙伴想出了数学的调整，从而产生了他想要的那种曲线形式。因此设计的结果是专业合作的产物。现代的设计通常涉及复杂的团队合作，但建筑师通常会得到著作权的个人肯定，如通常我们只会提萨里嫩为圣路易斯做了纪念碑。

图 4.9　伊洛·萨里嫩与塞韦鲁（F. Severud）和班达（H. Bandei），
　　　　圣路易斯拱门，密苏里州，1947—1965

作为建筑单独创造者的建筑师形象，如萨卡拉一样古老，它仍然是一个强有力的文化神话。好莱坞喜欢建筑师，因为他们有一种文化的神秘感，一种个人创造力的光环。就如大多数神话更多的是反映人们的意愿而并非现实。

柯布西耶曾激励建筑师向工程师学习，但他同时也辩解道，建筑应该超越对可量化问题的有效解决。建筑师必须考虑人对物体和空间的反应。以吸收工程的理性为动机，示范性的设计方法是为了实现一个定义了建筑师特殊专长的目标：美观。但什么是美？谁能确保生产美的能力呢？维特鲁威怎么能让"美"成为好建筑的基本要素呢？

扩展阅读

1. Alberti, Leon Battista. *On Painting: A New Translation and Critical Edition*, Trans. R. Sinisgalli. Cambridge: Cambridge University Press, 2011.
2. _____. *On the Art of Building in Ten Books*. Trans. J. Rykwert and J. Tavernor. Cambridge, MA: MIT Press, 1988.
3. Cuff, Dana. *Architecture: The Story of Practice*. Cambridge, MA: MIT Press, 1991.
4. Drexler, Arthur, ed. *The Architecture of the École des Beaux-Arts*. New York: Museum of Modern Art, 1977.
5. Frontinus, Sextus Julius. *The Two Books on the Water Supply of the City of Rome*. Trans. C. Herschel. Boston: Dana Estates, 1899.
6. Grafton, Anthony. *Leon Battista Alberti: Master Builder of the Italian Renaissance*. Cambridge, MA: Harvard University Press, 2000.
7. Hart, Vaughan. *Paper Palace: The Rise of the Renaissance Architectural Treatise*. New Haven: Yale University Press, 1998.
8. Kostof, Spiro, ed. *The Architecture: Chapters in the History of the Profession*. Oxford: Oxford University Press, 1977.
9. Le Corbusier. *Towards an Architecture*. Trans. J. Goodman. Los Angeles: Getty Research Institute, 2007.
10. Martini, Francesco di Giorgio. *Francesco di Giorgio architetto*. Milao: Electa, 1993.
11. Middleton, Robin, ed. The *Beaux-Arts and Nineteenth-Century French Architecture*. Cambridge, MA: MIT Press, 1982.
12. Ockman, Joan, ed. *Architecture School: Three Centuries of Educating Architects in North America*. Cambridge, MA: MIT Press, 2012.
13. Parcell, Stephen. *Four History Definitions of Architecture*. Montreal: McGill-Queen's University Press, 2012.
14. Saint Andrew. *The Image of the Architect*. New Haven and London: Yale University Press, 1983.
15. _____. *Architecture and Engineers*: *A Study in Sibling Rivalry*. New Haven and London: Yale University Press, 2007.
16. Vitruvius. *The Ten Books on Architecture*. Trans. I. Rowland. Cambridge: Cambridge University Press, 1999.

17. _____. *The Ten Books on Architecture*. Trans. M. H. Morgan. Cambridge: Harvard University Press, 1914.

18. Woods, Mary N. *From Craft to Profession: The Practice of Architecture in Nineteenth-Century America*. Berkeley: University of California Press, 1999.

19. Zanker, Paul. *The Power of Images in the Age of Augustus*. Trans. Alan Shapiro. Ann Arbor: University of Michigan Press, 1988.

第五章

美学

关于泰姬陵的讨论，到目前为止已经提到了它的工艺、比例、年代、几何构图、所处位置、文化重要性以及它与伊斯兰宗教建筑的关系（见图 0.3，导言，第一章）。但是游客们亲自长途跋涉去看这座建筑的理由，仅仅是因为它的美。"美观"是维特鲁威理论中最强大和最难以捉摸的支撑。它把实体的、功能性的结构物变得更有意义。在最近几个世纪中，研究美学的专业人士已经尽可能地把建筑师从其他建筑专业人士中区别出来。

泰姬陵美吗？成千上万的人相信它是美的，但他们为什么这么认为呢？也许他们欣赏其完美的对称设计，围绕中心的垂直轴分布的形式。这代表了平衡、秩序和可预见性，我们可以正确地预想我们看不到的侧面是和我们所见的侧面是一样的。其重复环绕的圆穹顶和尖塔在不同尺度上提供的节奏和统一。底座和尖塔勾勒出陵墓的中心形式，使它成为独立特殊的主体。该设计传递了伟大的尊严、稳定、和谐。其组成一目了然地解释了整个建筑，但仍然为我们提供了视觉上的享受。

2007 年，一个看起来不同寻常的建筑，由迪勒（Diller, Scofidio+ Renfro）设计的当代艺术博物馆（ICA）在波士顿被市政府和波士顿建筑师协会投票评选为波士顿的"最美"建筑。该建筑悬起的巨大的玻璃体块仅靠一端支撑。这个摇摇欲坠的"悬臂"表现了平衡与宁静的对立面。除了悬挂在悬臂下方的一个带倾斜角度的"眼球",该设计完全是方块形状。它方正朴素的外观由波纹金属、玻璃、木材包裹。典型的仓库元素被用来体现其南波士顿海滨位置的特色,而这些工业材料正用于一个艺术博物馆。

我们是更喜欢泰姬陵还是波士顿当代艺术馆,或者两者都欣赏?它们体现了不同概念的美。自从维特鲁威宣布"美"是建筑的必要元素,建筑师不得不考虑这些可能的概念。

图 5.1 迪勒,当代艺术博物馆,波士顿,2007

★ 希腊的标准、罗马的征服者、制度

维特鲁威生活的时期,罗马征服了以其成熟完美著称的希腊世界。早期罗马人自认为是简单的、爱国的农民战士,许多罗马人把希腊文化的优雅视为软弱。但罗马的军队还是夺取了希腊的雕塑、绘画,甚至建筑,并用这些战利品来装饰自己的城市。统治希腊世界和其悠久的艺术传统改变了罗马文明。

例如,希腊雕塑家通常刻画年轻、完美、通用的人物形象,但罗马肖像画传统上强调个性和特征。贵族家族衰老、满脸皱纹、身经百战的祖先的形象会展示在住所中，以显示其精神财富以及为罗马牺牲自己的荣誉。后来，罗马帝国艺术变成罗马的"象征优先"和希腊的"以艺术为准"之间的一种妥协。奥古斯都及后来历届皇帝，都有一个永远不会改变的"签名式的"官方肖像。即使奥古斯都晚年制作的硬币和雕像虽然可以辨认出是他，但已经理想化了，也在展示他是一位年轻且有吸引力的领导。

维特鲁威正是在这个转变的开端时期进行写作的。他的《建筑十书》中有两部讨论了罗马人很少使用的建筑类型，像帕提农神庙一样四周包围独立柱（图4.2）的围柱式神庙。维特鲁威讨论了许多希腊的建筑类型，包括住宅、剧院、图书馆和体育设施。但他却把更多的重点放在了神庙，因为这些为神而建的房屋有最高的文化和建筑上的意义，维特鲁威从未直接定义"美"，但他对严格意义上的神庙设计的讨论，表明了建筑师如何在实践中实现"美"。

围柱式神庙有许多的变化，维特鲁威很仔细地在细节之处为其命名。但他最著名的分类呈现出三种截然不同的风格，一种来自希腊语

图 5.2　多立克柱式、爱奥尼柱式和科林斯柱式

中代表"柱"的词"stylos"。这些类型：多立克柱式、爱奥尼柱式和科林斯柱式，因它们独特的设计被识别，特别是处于柱子顶部的更多元素，被称为"柱头"。多立克柱式柱头是最简洁的，爱奥尼柱式柱头明显精巧得多，科林斯柱式柱头是最大且最复杂的。柱垂直向上到顶部有收分，在三分之一处有轻微的隆起，称为"凸肚状"。柱子支撑的横梁称为"檐部"。在山形屋顶两端的三角形空间是山花。多立克柱式、爱奥尼柱式和科林斯柱式都有成套部件的变化，各自的标准化的造型和细节自成系统。

不同类型柱式的起源线索之一是它们的名字，其中两个是种族和区域的标签。多利安人生活在希腊的西部，而爱奥尼亚人生活在希腊的东部，沿小亚细亚沿岸。多立克柱式和爱奥尼柱式在不同地区分别用不同的处理方法发展结构相似的神庙。"科林斯柱式"也根据地理学，来源于科林斯城，但这个柱式有着一段不寻常的历史。

★ 多立克柱式的简化和演变

在希腊柱式中，多立克柱式是最朴素的。图 5.3 显示了在一个世纪的发展过程中三种不同的多立克柱式神庙，这说明随着时间的推移它的发展也有所变化。一个明显的变化是柱与柱头的关系。赫拉神庙 1 中的柱头似是一个浅的、倒置的碗，其弧形的底部从柱颈下延伸出来很远。与此相反，帕提农神庙的柱头只是略宽于柱的颈部。在赫拉神庙 1 中，柱子的轮廓弯曲是明显的，特别是在柱头以下的部分，而帕提农神庙柱微妙的凸起却很难发现。

带有保留下山花的神庙也显示了柱子和屋顶之间关系的变化。早期的赫拉神庙 2 的山花短小厚重，后来的帕提农神庙的更高更轻薄。一个相对于柱高更小的屋顶结构所创造的效果是赫拉神庙 2 中柱子以上的结构几乎与柱一样高，而帕提农神庙的则接近柱的四分之三高度。其柱子高 34 英尺（10.4 米），也远远比在赫拉神庙的 22 英尺（6.7 米）要高。

柯布西耶把多立克柱式神庙与汽车进行比较，强调形式随时间的提炼过程。他认为帕提农神庙的"完美"演示了伟大的"美"是如何通过细节逐渐演变来实现的。但这些变化也反映在外表以外的因素。柱颈、柱头、柱顶板（柱头上部的方块）、檐部之间的关系，也反映了建设者的不断增长的构造上的信心。而赫拉神庙2中檐部的柱顶板间跨度很小，这个距离在帕提农神庙变得比柱顶板还宽。

图5.3　赫拉神庙1（约公元前550）；赫拉神庙2（约公元前470），帕埃斯图姆，意大利；帕提农神庙，雅典（公元前447—前438）

随着时间的推移，更薄、更高、更宽的柱间距，支撑起更小的屋顶，更高地覆盖场地。轻盈和垂直度反映了越来越多构造上的自信，也使结构庞大、头重脚轻的神庙能够逐步向天空伸展。建筑的变化也许改变了人们喜欢的东西，或者改变了人们对美的想法，这促使建设者变得更加大胆。

图 5.4　依瑞克提翁神殿的爱奥尼柱式门廊和少女柱式门廊，雅典，
公元前 421—前 406

★ 爱奥尼柱式和科林斯柱式：精致与华丽

即使在帕提农神庙，多立克柱式看起来也比爱奥尼柱式沉重，爱奥尼柱式具有细长的柱身和更华丽的细节。雕刻的柱础、螺旋涡卷的柱头和雕刻饰带（沿屋檐的水平带）给予了爱奥尼更复杂的视觉质感，

许多保存下来的爱奥尼柱式的实例看起来更高。公元前 4 世纪的位于撒狄的阿耳忒弥斯神庙中的爱奥尼柱（有一根的部分现存于纽约大都会博物馆），有 56 英尺（17 米）高，比帕提农神庙所用的柱子高约75%。公元前 5 世纪后，多立克柱式就很少使用了，因为喜好改变了。直到维特鲁威时期，爱奥尼柱式仍是首选的希腊柱式。他最多地讨论了爱奥尼柱式的形制，这无疑反映了他对那时希腊建筑实践的文字材料的依赖。

第三种希腊风格是科林斯柱式，它类似爱奥尼柱式，但有一个更大、更华丽的柱头。它的四个角有小部件，并覆盖有叶状的花纹。关于它的起源维特鲁威讲述了这样一个的故事，在科林斯的一个年轻女孩死后，她的护士在她的墓上留下一个装有她物品的篮子，并用一个平瓦把它压稳。篮子置于一株地中海植物的根部。随着植物的生长，它的叶子包裹在篮筐周围，卷绕在平瓦下面。一位名为卡利漫裘斯的雕塑家经过并看到后，喜欢叶子这样覆盖篮子的方式，于是把这景象雕刻了出来。

这个故事使科林斯成为一种艺术发明，而非建筑的。最初希腊人没有用这个作为整个建筑物的主体，只是作为一个独特的元件。后来罗马人实践了希腊风格之后，将柯林斯柱式用于整个建筑里。在法国南部的一座古罗马庙宇，称之为"四方庙"，该庙有只在前面有柱廊和台阶而不是四面都有。每一个侧面后部八棵柱子都是半圆贴墙的（嵌墙柱）。在四方庙里，罗马人把希腊风格与自己的神庙传统相结合了。

维特鲁威简要讨论了第四种伊特鲁里亚人（Etruscans）使用的风格，那是一个古老的意大利中部居民。伊特鲁里亚（托斯卡纳）的神庙用墙壁和周围一圈柱子支撑山形屋顶。但神庙是建在一个更高的基座平台上。它们的门廊前部有一段狭窄的台阶，周围没有道路，封闭的房间居于后部而非中心。维特鲁威认为用木头、泥砖和陶砖建造的托斯卡纳庙宇比多立克和爱奥尼柱式更原始。四方庙的布局是托斯卡纳式的，不是围柱式的，但它的石头建筑和科林斯柱式给了它希腊风格，这是一个创造性的折衷之物，就如皇帝的肖像。

图 5.5　四方庙，尼姆，法国，约公元前 15 年或公元 2 世纪重建

★ 美丽与躯干：拟人比喻

维特鲁威认为罗马建筑师使用希腊的柱式风格可以看作是服从于外国的艺术标准。但他并不是简单地告诉他骄傲的同胞应该服从于希腊文化的权威。他认为柱式是普遍合理的、美的建筑语汇（"美"的最主要的部分），因为它们是"自然的"。

对于维特鲁威来说，柱式与它们的人类建设者是相似的：一个拟人化（"在人形上"）的类比，卫城的依瑞克提翁神殿的少女门廊里的人物形象变为柱子，是这一理念直接体现（图 5.4）。每个人都有一个膝盖弯曲，表示出支持沉重负担的努力。柱子的收分也模仿人体负荷弹性的反应。维特鲁威将性别赋予不同的柱式从而把它们链接到人类属性里，这一点建筑师必须考虑，因为庙宇表达了神的身份。每个神现世的房子必须反映其自然属性以履行"规则"，包括性别。

维特鲁威曾说，多立克柱式是最沉重和最少装饰的柱式，代表一个男人的身体，而爱奥尼柱式和科林斯则代表女性。然而图 5.3 的三个多立克神庙都是献给女神的，即赫拉和雅典娜。

对于雅典娜女神，这位一个未婚的女神战士，多立克柱式可以理解。但对于赫拉，一位妻子和传统女性的象征来说不能解释得通。因为维特鲁威所描写的已是 600 年前的风格，他可能传达一种普遍的但不完善的观点，或是他自己错误的解释。但联想在视觉上与"女性化"柱式的华丽相一致，据称其来自于妇女服饰（例如柱身凹槽像打褶悬挂的布）、发型和珠宝。他把略重且更沉着的爱奥尼柱式与已婚妇女（主妇）联系在一起，而更纤细、精致的科林斯柱式则和年轻的姑娘联系，就如同那个埋葬在叶形板覆盖的篮子下的女孩。

柱式的拟人化和性别化也反映在他们的比例上。维特鲁威声称多立克柱式和爱奥尼柱式的直径和高度最初反映了人类足长和身高之间的比率，一般来说成年男性是 1：6，成年女性是 1：8。这使得希腊的柱式和人体之间的对应关系变成了意图和解释。这也意味着我们找到了柱式的美是因为我们在它们中看到了理想的自我，反映了我们的人类理想之美。

★ 维特鲁威的人：身体、几何和比例

维特鲁威提出以柱径作为人类脚长的记忆和基本的设计模块。每一个建筑元素应该是这个模块的倍数或比例。它的实际尺寸是无足轻重的，它只是为从建筑物的整体长度到微小构件的宽度提供连续性的参考。

维特鲁威关于建筑"六元素"中有的三个——对称、秩序和谐——是关注比例的（见第四章）。对于他来说，"对称"（在希腊语中意为"共同测量"）是指设计特征基于一个模块。这是建筑、人体和自然之间的另一个联系。维特鲁威注意到，人的身高也是其头高的脚长的倍数，我们的手臂和手掌是我们食指长度的倍数。然后，他将身体和基本的几何形态联系起来：如果想象一个人仰卧张开双臂和双脚形成一个圆，那么圆心是在肚脐处，当他移动手脚时，手指和脚趾将沿着该圆的周长移动。但到手脚移动到某种程度的时候，不但一个圆形会呈现在身

体周边，一个正方形也可以被分辨出来。因为如果从脚趾头量到头顶，并与伸出双臂的长度进行比较，会发现该宽度等于高度。[1]

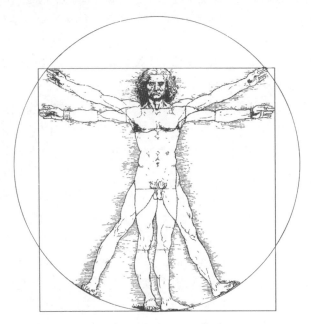

图 5.6　莱昂纳多·达·芬奇，维特鲁威的人，约 1500 年

1500 年之后，莱昂纳多·达·芬奇（Leonardo Da Vinci）以一个伸直手臂站立的男子内接一个完美方形的插图解释了这一段。伸展的四肢，创建了一个圆的形状，圆心在他的肚脐。维特鲁威的逻辑是很清楚的，如果自然是以比率、比例、基本的几何形式进行设计的，建筑师应该也一样。虽然 23.79 和 24.0 的直径之间的差异看起来并不重要的，但希腊人认为它是至关重要的。他们相信当我们发现一些美好的东西，我们知道每个局部和整体的关系。比例产生和谐或"良好的流动性"——律动。

---

[1] Vitruvius. *The Ten Books on Architecture*, trans. I. Rowland (Cambridge: Cambridge University Press, 1999), p47.

这种对美的看法反映了以直角三角形定理闻名的思想家毕达哥拉斯（Pythagoras）的思想。他还发现当同时拨动长度为整数比例的琴弦时，听起来会悦耳，因为 1 : 2 是一个八度音阶，2 : 3 是主五度，3 : 4 是主四度。毕达哥拉斯学派认为，这证明了宇宙在每种规模上都是根据连续的数学原则构建的，无论是分子还是行星运动（长期以来被认为是圆的）。视觉性的美，像音乐上的和谐，都来自相同的比例和几何形式，这强化了自然的形态。

我们的眼睛也许不能分辨 1 : 3.723 和 1 : 4，但维特鲁威会说我们能"感觉到"区别。和谐的比例和纯粹的形式在我们的思想和身体中产生共鸣，因为我们感受它们。希腊人相信某些无理数具有神秘的意义，包括 π（圆的周长和直径之比）。另一个是"黄金分割" ϕ，用直尺和圆规很容易从方形中获得，而如果重复，会产生在自然界中发现的螺旋形。人们已经把和谐比率和"黄金分割"设置进帕提农神庙和其他许多备受推崇的艺术作品的现象支持了这个理论。这表明它们的美是客观事实，不是见仁见智的，因为它们反映了宇宙的结构。

制造"美"这一个强有力的东西，使其客观和可量化是深刻而吸引人的。如果"美"能够用可衡量的术语来定义，那么一个公式就可以保证"美"的结果。这个期望一直激励着包括研究者在内的许多人。研究者发现，受试者评估最对称和具有具体比例的人脸为最"美"。一些研究甚至把"客观的"比例与有吸引力的明星联系起来，美国演员米歇尔·菲佛（Michelle Pfeiffer）和布拉德·皮特（Brad Pitt）都被引用。

"美"可以被科学地解释吗？人们判断面孔时揭示了"客观"的真相还是表达了在特定的文化理想中所塑造的观点？维特鲁威的理论对于许多评论来说是不严谨的，但其希望"美"是可衡量的和绝对的，并且是跨越时间和空间永久有效的想法将会持续。

★ 阿尔伯蒂：美的力量

哥特式大教堂看起来和爱奥尼柱式的神庙一点也不像，但中世纪的知识分子和建设者分享了维特鲁威关于比例、和谐、几何的观点。基督教充满了有意义的数字，像十二使徒、三位一体的神、十诫、七美德和七宗罪等。在设计中数值的关系有助于教堂的基督教身份的确立，就如彩色玻璃或雕塑中《圣经》里的形象。这些观念被保存在中世纪的数学和工程实践中，后来被如阿尔伯蒂等文艺复兴时期的思想家继承。他的使命是仅仅通过改变设计的表达，确保当时的建筑有持久的质量。他同意维特鲁威的观点，杰出的建筑需要的完美"数"和古代的"建筑词汇"。

阿尔伯蒂认为维特鲁威的书和遗存的古建筑是这一设计语言的权威来源。不幸的是，两者往往不一致。罗马的古代神庙很少与维特鲁威所描述的神庙相一致，大多数有伊特鲁里亚式的布局或呈圆形，这是维特鲁威只简要介绍的类型。斗兽场一定特别令人困惑，它在一个建筑中结合了四种不同的柱式，一种是后来罗马的柱式，称为折衷式（爱奥尼的涡卷置于科林斯的柱头）。柱式也用作表面装饰支撑拱券：下部三层有嵌入的半柱，阁楼采用称为壁柱的扁平带。这种做法维特鲁威似乎没有提及。

然而，不像维特鲁威，阿尔伯蒂直接讨论了"美"。他基于古代的思想并增加了明显的说教式的讨论，这种风格是适合牧师的。对他来说，一个没有美感的建筑不仅是没有吸引力，而且是唐突的。它缺乏尊严并且浪费资源，显示了糟糕的判断。维特鲁威的教导意味着"美"不是品味或观念的问题，而阿尔伯蒂彻底表明，"美"是客观的品质。

阿尔伯蒂的书涵盖了许多对美的定义，包括："美是一种身体内部的通感和共鸣的形式，通过一定数量、轮廓和位置，受和谐的支配，是绝对的、基本的自然规则。"[1] 单词"和谐"翻译为"欺诈"，是修辞学的术语，意为精心地打造与令人产生愉悦的感觉。这个概念汇集了良好的比率、简单的几何形、双侧对称等，阿尔伯蒂认为这些是建筑构图的根本。

---

[1] Leon Batista Alberti, *On the Art of Building in Ten Books*, trans. J. Rykwert and J. Tavernor (Cambridge, MA: MIT Press, 1988), p303.

★ 美、轮廓和装饰

图 5.7 伯拉曼特，坦比哀多，S. 彼得洛，蒙特利尔，罗马，1502—1510

阿尔伯蒂还把"美"从"装饰"中区别出来，他认为"美"是一些固有的特质，弥漫在被称为"美"的东西的整个身体，反之"装饰"不是内在的，而是附加的或额外的一些东西。[1] 对于阿尔伯蒂，建筑之所以美是基于建筑物的"轮廓"——这是他对几何形式的术语，即可以通过三维草图捕获的设计特征。材料、装饰细节或颜色等品质属于"装饰"，是对"美"的辅助和补充。[1] 显然，阿尔伯蒂是依据装饰分类古代的柱式的。良好的几何形和比例能产生"美"，但爱奥尼柱不能。

另外，阿尔伯蒂解释了美的完整性，即"美是和谐的，身体内所有的部分合乎逻辑的和谐，所以不能增加，也不能减少，改变只会更糟。"[1] 他还提出"美"能确保建筑获得未来世代人的尊重，不被嘲笑——这也是领导人需要的。阿尔伯蒂甚至过于乐观地声称一座美的建筑可以"抑制敌人的愤怒"，使其不被破坏。[1]

阿尔伯蒂为读者提供有说服力的理由去投资建筑之美，通过古老的案例（古代和他所处年代）表示数学规则（作者从古代到文艺复兴

---

[1] Leon Batista Alberti, *On the Art of Building in Ten Books*, trans. J. Rykwert and J. Tavernor (Cambridge, MA: MIT Press, 1988), p156.

时期的验证）和柱式（维特鲁威所推崇）是让建筑永恒美的公式。他的信息有助于建筑革新并把精英们的品位转向维特鲁威的理念。

然而，这个公式在实践中很难实现，因为关于古建筑的信息是支离破碎的，并没有为现代建筑的需求提供明确的解决方案。文艺复兴时期的建筑师创造性地运用了他们所能够获得的信息，生产出建筑体现理想的"美"，这种美不论新旧都是一样的。

一座小神庙所标记的地点，被认为是基督教圣徒彼得在罗马牺牲的地址，该建筑是一个混合体。它的设计开始于一套保存了千年的匹配的十六根古老的花岗岩柱。柱子直径校正了建筑师伯拉曼特的设计，他与达·芬奇在米兰相识。这些柱子在带踏步的台基上环绕成圆筒形，支撑着多立克式的屋檐，模仿了罗马周边古老的圆形神庙的做法。这些圆形庙少数幸存的屋顶是平的或锥形的。但是，伯拉曼特的做法是延伸屋檐上的圆柱，让它成为一个穹顶的鼓座。他用壁龛和壁柱点缀其外观，并用石头"栏杆"置于屋檐顶部（形成装饰性扶手）。

尽管采用了古代的柱式和多立克式的细节，也许坦比哀多会看起来有别于维特鲁威式的建筑。但因为其几何形状和比例，他仍然很有可能觉得它很美。文艺复兴时期的建筑师们的确这样认为的：他们觉得伯拉曼特的"小庙"是完美的，并称它"和古代的一样好"。塞里奥和帕拉迪奥甚至将它与古代寺庙一起编书出版，作为未来建筑师的典范，这是最高的荣誉。

★ 古典主义：经久不衰的标准

文艺复兴时期新的古典风格的建筑为"好设计"建立了持久的标准。如今，使用古代柱式的建筑被称为"古典主义"（或经典主义）。"分类"是把事情放在有组织的系统中，无论是生物分类学还是学校的教学单位分类。"经典"这个词也意味着高标准的东西。经典电影、经典音乐或经典的汽车都是产品的质量已经经历过时间的考验，仍然值得效仿。

"古典"建筑采纳了植根于古希腊、古罗马并长期受人认可的传统，如19世纪20年代，费城的一所新银行直接模仿多立克式的庙宇。建筑的尊严和稳定性激发了人们对这一机构的信心，这也暗示它的顾客，他们的钱放在这里是安全的（结果是错误的）。柱子和古代的装饰这种模式继续在许多新的银行中使用。这些增加的成本并没有提高实用功能，它们的目的是激发信心。是否用于一个摇摇欲坠的全新国家或在一个郊区的购物中心前方，古典主义有助于使一个机构看起来永恒而安全。

图 5.8　威廉斯特里克兰，美国第二银行，费城，
宾夕法尼亚州，1819—1824

古典建筑风格的盛行部分原因是阿尔伯蒂的争论的持续。如果古代风格、数字上和谐的建筑是"客观上"美的，那么它们无处不在、无时不在。一个普遍永恒且有效的设计语言也意味着每个人都应该赞美它。古典主义将被广泛采用，部分是因为有人想证明他们能够欣赏和运用这种"美的永恒"的形式。

★ 绝对主义、确定性、建筑规则

法国是意大利以外的第一个接受文艺复兴时期古典建筑的国家。法国的贵族们对"新"的建筑艺术和其他艺术感兴趣，并聘请塞利奥和其他来自意大利的艺术家建造和装饰自己的家园。事实上，塞利奥关于古代建筑的书最先是在法国出版，献给法国国王弗朗索瓦（Frangois）的。一个世纪之后，路易斯十四皇家建筑学院正式采用和推广古典传统。

路易十四是绝对的君主，在他的王国里有着至高无上的权力。像古埃及一样，法国有着严格的政治和社会等级制度，国王一人位于权力顶峰。路易十四和他的支持者们相信他成为王是上帝的旨意，利于他便是利于法国。他的名言是"我即是国家"，但第 17 世纪法国文化并不是一个整体。另一位有影响力的人物是哲学家勒内·笛卡尔（René Descartes），他以笛卡尔直角坐标网格而闻名。笛卡尔相信知识并不来自于权威，而是证据。在一个著名的思想实验中，他质疑了"通过想象获得的知识"这个基础，认为他所"知道"的一切也许都是思想产生的一种幻象：他不承认任何看见的、接触的或阅读到的东西，认为它们可能都是欺骗性的。而所剩余的是他正在思考的思想，这"必定"是真的。这造就了他的名言"我思故我在"。他宣称，只有建立在该基础之上的逻辑知识才是可靠和确定的。

皇家学院的建立旨在确保法国创作出世界上最好的艺术、诗歌和科学，该学院把绝对主义和笛卡尔哲学结合在一起。理性能确保建筑的完美，这将保证用伟大的建筑赞美国王。建筑学院的第一任负责人弗朗索瓦·布隆代尔（François Blondel）被委与此任，他是一名军事工程师、数学家和古代文学学者。

1671 年上任后，布隆代尔和他的委员会研究了这个问题并制定了法国的建筑学说，于 1675 年发表。它确立的官方立场包含三个基本规则：

1. 所有伟大的建筑都是古典主义的。它创建了等级制度，其中欧洲设计传统稳居顶端。为了永久地确保建筑的美、庄严以及令人赞叹的效果，需沿用几千年后仍令人赞叹的古典主义风格。

2. 中世纪的建筑不好。布隆代尔指责中世纪设计为"个人幻想"。他认为好的建筑必须通过可靠的方法和模式来实现。法国建筑师必须清楚他们的建筑将用于赞美国王和国家，并将数世流芳。当时人们发现哥特式建筑的吸引力大打折扣，这也表明脱离古典主义是危险的。

3. 正确使用古典风格。仅设计一种爱奥尼亚柱式建筑是不够的，建筑师必须确保使用最好的爱奥尼亚柱式。布隆代尔进一步发展了阿尔伯蒂对绝对、可衡量美的理念。他确信每种柱式都有一套恰当、和谐的比例，实现完美、迷人建筑的方程式。这也正是国王的要求。

★ 完美、现实和争论

布隆代尔对于"每种柱式都有一套完美、恰当比例"的信念引发了一些问题。塞里奥、维尼奥拉和帕拉迪奥所著的论文中列出了五种典范柱式——三种希腊风格、托斯卡纳风格和后罗马复合风格。但是他们对同一古建筑所做的图纸常常在细节或测量方面有差异。此外，每种柱式的比例也绝少相同。同一建筑的不同爱奥尼亚柱，直径高比可能为 8.5，也可能为 $9^{1}/_{3}$。

布隆代尔希望有一个系统能统一阿尔伯蒂的三个知识源（维特鲁威、遗迹和比例），使其成为绝对的建筑真理。他确信这些元素是可以调和的，从而断定意大利建筑师是不可靠的。国王自掏腰包派测量员重新去测量，数年后他们带回了最详尽、准确的数据。但是，令布隆代尔失望的是这些数据并未证明每种柱式都有一套绝对、可靠的比例，而仅仅是确认了在使用过程中数据的不一致性。这是现实与抽象理想的冲突。

布隆代尔希望通过古典主义实现"建筑美"的客观、永恒、有效的，虽然这一想法破灭，但法国人对古典主义的信仰一直持续到 20 世纪。关于柱式的应用方式以及布隆代尔希望的确定性是否能实现的辩论将会持续更久。

这场争论由布隆代尔同时代的克洛德·佩罗（Claude Perrault）挑起，他是一名医生、科学家，也是笛卡尔理性哲学的信徒。佩罗称如果古代的证据和数学上完美不可调和，人们必须从中做出选择。他建议计算出每种柱式所有现存例子的平均值，并采用所得的（不完美的）比率。对布隆代尔和建筑学院来讲，这简直是异端邪说。最终佩罗特还是发表了他的建筑观点，并建立起一个重要的传统，即质疑官方的建筑学说。

★ 竞争的古典主义

布隆代尔和佩罗之争过去一个世纪后，古代建筑设计信息急剧暴增。18 世纪，人们发现了公元 79 年维苏威火山喷发掩埋的庞贝古城和赫库兰尼姆古城，提供了大量希腊罗马式城市和建筑物的信息。与奥斯曼帝国关系的缓和使西欧人在文艺复兴后第一次有机会参观古希腊家园。

这些信息显示"古典遗迹"并没有统一的模板，而是在横跨十个世纪和两种不同的文明后产生许多变化。古希腊与古罗马建筑是相互关联的，但代表了两种截然不同的古典主义，按时间阶段和地理变化有许多版本。此外，在意大利少数神殿是希腊式的，而在雅典则有少数神殿是罗马式的。理解"古典主义"非但没有变简单，而是变得更困难了。

18 世纪出现了一项研究古代艺术品的新领域，即艺术史。该领域的先驱人物之一是约翰·温克尔曼（Johann Winckelmann），他是一名德国图书馆员，他被古代雕像的描写所吸引，这些描述出自古代艺术收藏家之手，如教皇的工作人员，因为教皇拥有最大的罗马文物收藏。

温克尔曼把古雕像与古典作家的描述进行比较，多亏了这些艺术家的描述，人们才得以了解著名古代作品的真面目，并了解古艺术是如何随着时间的变迁而改变的。

温克尔曼的研究使他深信希腊艺术是艺术作品中的最高典范。因为它并不像罗马作品那样描绘不完美的现实，而是描述了理想的完美。他认为希腊艺术中有一个阶段优于其他阶段，即从公元前 5 世纪到公元前 4 世纪初（现在称为"古典"时期），帕提农神庙就建于这一时期，是该时期"完美"典范的代表。温克尔曼认为后来的希腊风格为二流水平，而罗马人则被鄙视为模仿者。

是选择希腊艺术或是罗马艺术？这个问题在欧洲建筑界引发了一场争论。它们的模式已不再是广义的"古代"，而是具体到地点、时间和文化。希腊是艺术的发源地（至少在温克尔曼看来是这样），永远完美无缺。罗马则拥有许多实用、多变的古代遗迹和现代化的古典式建筑。要在古典艺术中选择最佳模式，那将会是一个关于历史和风格的无解之争。

★ 勒·柯布西耶和古典主义的本质

或许建筑的美并非只有古典元素能够体现——阿尔伯蒂认为美无关乎秩序和细节，而与和谐、恰当排列的几何形态有关。如果是这样的话，即使是没有古典元素，建筑仍可能具有"古典美"。勒·柯布西耶把帕提农神庙看作完美建筑的典范，但却从不照搬它的细节。他曾说："建筑是形体在光中精确、优美、壮丽的乐章。"[1] 美源于纯粹的实体和空隙，它们排列完美，并为"能发现美的眼睛"所发现。

1947 年，建筑历史学家柯林·罗（Colin Rowe）证明，帕拉迪奥的文艺复兴时期的古典主义和 20 世纪 20 年代勒·柯布西耶的鲜明现代设计，这两者之间相似之外比最初表现出来的还要多。罗对比了 16 世纪帕拉迪奥设计的别墅以及柯布西耶设计的房屋，发现了令人信服的相似之处。他的论点表明，两者通过不同风格的外观来体现基于数学的相同美感。这表明古典主义的本质是一套能引发人类眼睛和心灵共鸣的抽象特质。

瑞士工程师罗伯特·梅拉特（Robert Maillart）在峡谷上建造的跨桥为勒·柯布西耶理念赢得了许多支持者，他们相信工程师能通过理性设计产生美。梅拉特称这种优美的单拱桥是有效使用混凝土结构的成果。如果数学使得勒·柯布西耶的别墅呈现古典美，我们可以相信该桥也可以做到。同样的还有北京紫禁城的太和殿，它呈现的是全然

---

[1] Le Corbusier, *Towards an Architecture*, trans. J. Goodman (Los Angeles: Getty Research Institute, 2007), p102.

的"古典"设计理念，它通常是平衡、轴向排列、全面润色的结构语言、分明的层次、和谐的比例，均是宇宙自然秩序的象征。与其说古典美是指特定的古地中海风格，不如说它是指一种认为"美"为客观、通用特质的思维方式。

图 5.9　勒·柯布西耶，萨伏伊别墅，塞纳河畔的普瓦西，
法国，1929—1931

图 5.10　罗伯特梅拉特，萨尔基纳山谷桥，瑞士，1928—1930

图 5.11　太和殿，北京，1406—1420

★ "相对美"、审美学与非理性

但是，这一观点与大部人的日常经验背道而驰。我们对时尚、电影和食物均有不同的意见，因此常识告诉我们美没有标准，不同的品味带来不同的判断。佩罗对勃隆台的批判解决了该问题。佩罗主张"实在美"，即人们普遍认同的优良特质（如优良的材质、精湛的工艺、宏伟的规模）产生的美，但他还描述了另一种形式的美——"相对美"，即争议性特质产生的美，如柱比例和间距的变化。这使得有些标准变得主观，不同的人有不同的判断。佩罗提到不同文化群体之间的品位差异，按照该逻辑也可以延伸到个人。如果关于美的感受是个人性的，那美对每个人来说都是不同吗？

审美学现在已成为美丽的同义词，它源自希腊语中表示身体感官的单词（"麻醉剂"通过封闭感官止痛）。审美学把美与主观性联系在一起，每个人都有独特的感官并根据经验做出反应，这影响到我们的判断。这与传统理念不同，传统理念认为美不受地域、个人及时间的限制。相反，美不仅是视觉和精神上理解，还是身体和情感上的感觉。

★ 浪漫主义、伯克和"庄严"感

18 世纪欧洲的一场文化运动极力地歌颂了情感。"浪漫主义"开始于诗歌，然后影响了音乐、绘画和建筑。浪漫主义艺术家试图通过他们的作品来唤起强烈的感情。爱尔兰非艺术家埃德蒙·伯克（Edmund Burke），在 1757 年所著的文章《论"庄严"与美概念起源的哲学探究》中描述了浪漫主义美学理论。伯克认为美学是非理性的，它不是在心里，而是表现为身体的愉悦感。他把"美"定义为一组特质，是小巧、精致、光滑、统一和稳定。

伯克审美学主要歌颂了美的"对立面"——庄严。伯克的"庄严"是通过无限、巨大、壮丽、光度和困境等实现的。它描述了一种征服感官的体验，无法通过理性获得的体验。例如，站在科罗拉多大峡谷边缘，巨大的峡谷使我们感受到自己的渺小，地质层的启示使我们感受到生命的短暂。

对伯克来说，"美"提供了一种身体和智力控制的感受。"庄严"可促发更强烈的感受，如站深渊边缘的恐怖感，浩瀚时空中的渺小感，经历巨大、永恒、比我们大的事物时的兴奋感。这提供了一个截然不同的建筑美学目标。建筑应该是安全、可理解的，还是应该令人兴奋、具征服性的呢？那是可以实现的吗？

方式之一是人们自古都有建造高建筑的冲动，像埃及金字塔，或是 SOM 设计的 2 700 英尺高的哈里发塔（Burj Khalifa）摩天大楼（是帝国大厦高度的两倍多），都达到了"庄严"需要的高度。如此的高楼满足了人类感性、情绪化的冲动，满足了人类挑战自然规律的渴望。金字塔和巨石阵也可带来一种时间无限的感觉，从逻辑上来讲，我们知道建筑不可能永存，但这些建筑却给我们带来了这样的感觉。

★ 布雷，巴尔比耶，"庄严"的古典主义

18 世纪的法国建筑师，伊托尼 - 路易·布雷（Étienne-Louis

Boullée）在 54 岁时偏离成功的职业生涯，设计"纸上建筑"。现在这些"纸上建筑"比他已建成的建筑更为人们所知。布雷在法国科学院工作，致力于古典设计原则的研究。他想象中的大教堂应具有如下特点：山形墙、柱廊、飞檐和穹顶，并将这些构件抽象来强调纯几何形态。布雷认为不同形态会激发观者不同的"情绪感受"，所以半球、立方体、圆柱体的组合顺序可表现一系列特定的情绪。这种形式和感觉之间的联系是浪漫情感在建筑中的一种表现。

　　布雷对尺寸也持有同样的观点。图 5.12 左下方模糊的地方是一大群人，他期望通过规模宏大的教堂彻底征服观众。他的内部视角显示光线从圆顶的鼓形墙壁上进来，祭坛上燃烧着圣火，这是对伯克的"庄严"光线效果的探索。即使是一种书面设想，布雷关于超大尺度和戏剧化空间的遐想也使人心生敬畏。

图 5.12　伊托尼·路易·布雷，都市大教堂项目，1781

　　另一个捕捉"庄严"的受古典主义启发的设计来源于布雷的校友弗拉努瓦·巴尔比耶（François Barbier），该设计是他为布雷的前客户一位古怪的贵族拉辛·迪·蒙维尔（Racine de Monville）所做的。图纸显示了一截爱奥尼亚柱式的柱桩，只有基座和槽轴的不规则部分。然而，仅这个部分已大到足以容纳整座房子，表明原来站立的柱子应有数百英尺，这是不可思议的巨大遗迹。巴尔比耶的设计使人对已消逝的壮观景象无比感怀，残缺的柱子、杂草丛生的上边缘也彰显着一个伟大的时代。他想激发人们对于一些已逝文明的强烈缅怀，而我们只是像老鼠一样蜗居于古文明的遗迹中。

在幻想中比现实中更容易实现"庄严感",但巴尔比耶的伪断柱屋却得以在现实中建造。它成为填补蒙维尔的地产的不切实际的"讽刺建筑群"的一员,体现了通过设计展现体验的浪漫冲动。这场运动与花园有着直接的联系,也造就了另一项浪漫主义美学范畴。

★ 景观、画意风景派和中国经验

文艺复兴时期别墅的兴起激发了人们对园林设计的兴趣。大多数意大利花园都是几何对称形式的,有墙壁包围。法国延续了这种井然有序的人行道和种植的传统,只是更加精致了。国家的强大使得防护墙已无存在的必要,富有的贵族可在他们的乡村城堡中创建大型的规则式庭园。

图 5.13　福利克洛福特（Flitcroft）和霍尔（Hoare）,斯托海德公园景致,威尔特郡,英格兰,1744—1765

与古典建筑一样,欧洲规则式庭院通过控制、对称和理性构图来实现"美"。但在 18 世纪,部分英国评论家抛弃了该方式,以凡尔赛为例,修剪呈几何形状的灌木、花边式花坛、笔直的砾石小径,这些都过于简单。他们认为未遭破坏的自然景观是由不规则、不受控元素构成的,这样更具吸收力。创造一个遵从自然界复杂审美关系的环境更有难度,也更值得为之努力。由于这些特质通常出现在风景画中,因此被称为"画意风景派"。

画意风景派美学是通过不同的,"英国式"的设计实现的,斯托海德公园(Stourhead Park)就是很好的例子。它没有笔直的小路或样式复杂的花坛。远处的一座桥和两个小型建筑结构是人类干预的唯一可见迹象,其他皆为自然景观。然而,这种感觉是一种精心制造的幻象。这里的景色和凡尔赛一样都是人工景观。地形被重塑过,构建了新的湖泊,并根据规划种植了树木。它的目的在于创造一个看似未经设计的环境,同时通过遵循自然审美观实现"自然"美的理念。

二者都是追求愉悦的体验,只是方式不同而已。经典的法国或意大利花园可以窥管见豹,其几何秩序一目了然。它的乐趣来源于理性和可预测性。相反,画意风景派则追求随着地点和时间的变化而产生的不可预测性。要理解斯托海德公园,我们必须走遍它数不清的小路,观赏每一处可能会随着天气、季节和岁月的变化而不同的景观。

这些非对称景观和谐地组合在一起,创造出令人愉悦的仿天然的无规则景观。中景的桥平衡了湖对岸的庙宇,左侧的常青树丛平衡了桥另一边的低矮灌木和小乔木。其目的在于创造一个有趣的、令人愉悦的、偶有惊喜的环境。这种对欧洲大陆传统的响应可能表明英国人在某种程度上对未被破坏的自然美更敏感。英国的这种另辟蹊径的做法来源于遥远文化的崇尚深奥的古老传统。

17世纪末英国开始与中国沿海城市通商,英国游客学会了饮茶和赏瓷,也接触到中国自成风格的园林设计。一篇报道中提到一句中国老话称:种一棵直的树连孩子都会;具有挑战性且值得称赞的是重塑那些古老弯曲、微妙而难以产生美感的树。中国园林艺术性地把地貌、水体、石头、植物和桥等结构并置,创造出平衡的空间和视觉的变化。

中国的园林设计只是世界最古老的传承文化的一面,蕴含着古代关于艺术与建筑的美学真谛。艺术作品通过规则和不规则的对比达到平衡。它的哲学基础早在秦朝的古文字（公元前4世纪或更早）就有记录。这种关于宇宙和哲学的论述把宇宙看作两极构成的动态平衡，事件是发展的，变化不可避免。所有的概念均被英国画意风景派园林所吸收。

★ 画意风景派建筑

许多英国学者吸收并再加工了中国的美学思想。其中之一就是贵族尤维达尔·普赖斯（Uvedale Price），他重新设计他的庄园景观，并针对画意风景学写了许多文章。普赖斯把它归入浪漫美学范畴，占据了"美"与"庄严"之间的中点。带围墙的几何形意大利花园是"美"的，因为它能激发秩序感和控制感；崎岖险峻的阿尔卑斯山是"庄严"的，因为它体现了自然的野性力量。画意风景派庭院，如斯托海德公园，既不无聊也不令人恐惧，在两个美学极端之间实现了平衡。

普赖斯还认为建筑应该遵循画意风景派风格。对他来说，这意味着建设是用来提升周边的景观质量，而非独立与景观的主宰元素。他发现不规则性，不论是刻意设计还是自然腐蚀而成，都优于对称性，因为它能增加视觉的多样性。画意风景和"庄严感"也为我们欣赏中世纪建筑提供了新的依据。哥特式建筑巨大的高度和良好的采光对浪漫情怀主义者更具吸引力，像许多中世纪不同时期建造的建筑一样，能产生各种无规律的"变化"。在英国，许多中世纪建筑已成为废墟，能激发关于时间和死亡的"庄严感"。

在伯灵顿勋爵在奇西克（Chiswick）建造的帕拉第奥风格别墅仅20年后，另一位英国贵族奥福德伯爵，贺拉斯·沃波尔（Horace Walpole）改建了伦敦附近的一座房子，把它变成一座伪中世纪的庄园——草莓山庄（Strawberry Hill）。受城堡启发，他在山庄中加入了垛口和圆塔，外加哥特式教堂窗户。不同来源的元素以及不对称的构图设计，彰显着世纪的变迁，也创造出了一个画意风景派作品。

画意风景派作品的不规则性也出现在后来的建筑中，例如20世纪初弗兰克·劳埃德·赖特（Frank LIoyd Wright）设计的草原式住宅，

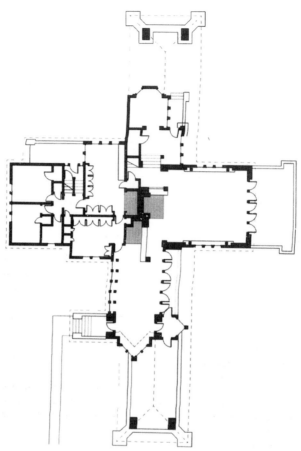

图 5.14 弗兰克·劳埃德·赖特，威立茨住宅，高地公园，伊利诺伊州，1902

虽然它们看起来与草莓山庄大不相同。水平方向的长墙垣、窗户花台、坡度平缓的四坡屋顶与开阔的中西部的景观协调的融合在一起，呼应了普赖斯强调的景观与建筑的关系。威立茨住宅的平面可以看到有四个特色鲜明、精心平衡过的翼翅从同一个中心延展出来。赖特的不对称设计使人们联想到草莓山庄某些特定的构造，尽管那是一种完全不同的设计语言。

赖特的设计启发了欧洲新一代的现代建筑师，包括路德维希·密斯·凡·德·罗（Ludwig Miles van der Rohe），他设计的砖屋（Brick villa，1923 年）虽未建造，却是对赖特"风车"平面最本质的归纳。密斯有一句名言"少就是多"，他一生都在追求纯净的建筑，但他的美学理想往往与现实冲突。他为一名芝加哥医生设计的乡村休闲寓所——范斯沃斯住宅（Farnsworth House），是其建筑思想优雅清晰的表达。但该住宅也带来了一场令他声名狼藉的官司，因为他的客户发现这座超然耀眼的住宅根本无法居住。理论上她喜欢这座住宅的设计，但在现实中，建造在蚊虫滋生的河流上的密不透风的玻璃房子则完全无法接受。美学的成功无法阻止现实世界中的灾难。

图 5.15　路德维希·密斯·凡·德·罗，范斯沃斯住宅，普莱诺，伊利诺伊州，1945—1951

★ "美" 的局限性：功能主义

"美"是令维特鲁威三元素中最令人头疼的部分。在"美"的量化方面的努力永远无法消除品位和判断方面的差异。浪漫主义美学撑起了美学中个人化感性的层面，但没有一种设计可以保证一定能让观众领略到它的表达意图。对某些人来说巴尔比耶的断柱房子可能并不"庄严"，只有怪异。

维特鲁威不可能永远正确，如同我们在多立克式的性别问题所看到的一样。那么为何不放弃"美"呢？既然没有办法保证成功，那么也许它不应该成为方程式的一部分。有些人认为建筑师在设计时只需考虑结构和实用性即可，这种观点被称为"功能主义"，20 世纪早期至中期，它吸引了大批的拥护者。其中一个重要的支持者是包豪斯建筑学派的创始人瓦尔特·格罗皮乌斯（Walter Gropius）。格罗皮乌斯反对巴黎美术高等学校的方法，因为这种方法执行的是预先约定的（古典）美的标准，建筑设计必须是对称的，有一个清晰的层次，在轴向上分布各种造型和形态。

功能主义者认为这种"由外而内"的做法是落后的，建筑应该是由内而外的设计。建筑不应该是遵循创作原则把所有的元素挤在一个躯壳下，而应该是根据功能构建造型并进行安排。要做到这一点，他们由一个"程序"开始，即先列出一座建筑需承载的具体空间。大空间有大的体块满足，小空间可以聚集在一起，所有元素有效安排，实现最便捷、高效地进出。外观形式仅仅是对内在的反映和表达。

根据这种方式建造的许多建筑都能有效地执行其功能。其中部分受到人们的赞誉，但这些建筑往往被认为是"丑陋的"。格罗皮乌斯担忧过这个问题吗？一点也不，他认为努力实现美感的同时分散了人们的精力，使得建筑无法实现满足人们直接、实用需求的功能。美是无关紧要的。相反，柯布西耶认为从功能和理性出发派生出的设计才是实现美的最可靠方式。所以不去思考"美"是获得"美"的最佳途径，这听起来非常矛盾。

★ 美观？庄严？画意风景风格？实用主义？

我们现在可以回到 ICA（波士顿当代艺术博物馆），并重新考虑我们把它称为"美"的意义（图5.1）。它没有任何装饰，更没有古典主义元素，但它的比例和谐，它的简洁的造型实现了一种抽象意义上的古典美。然而浪漫主义美学在这里更为重要，巨大悬臂大概可称之为"庄严"。其体积的不对称安排为波士顿海滨增加了一道如画的美景。其造型也源于内部用途，上部的体块容纳了大型画廊、办公室、咖啡厅、休息厅和室外休息座，所以它也可以被称为是实用主义的。

"美"的标签似乎不足以描述 ICA 的许多视觉效果，它也包括一种"反审美"的态度。弄清楚建筑师追求什么样的美感有助于解释该设计的目标和意义，解释为什么被博物馆选中以及为什么波士顿的建筑师对它特别认可。

要像维特鲁威那样坚持建筑应该实现"美学成功"的观点，需要有一套清晰的准则来解释之所以成功的原因，如古典主义中的比例；或者可以宽松些但目标明确，例如画意风景风格、庄严感或功能主义。这表明建筑设计应该遵循一个既定的模式或遵从一套标准。这是正确的吗？

令布隆代尔备受困扰的比例不一致问题并不一定代表明古典主义的"失败"。这表明，每次建造多立克式神庙或爱奥尼式柱廊时，设计者都对其进行了修正以创作出更好的作品。他们富有创造力，不为规则所束缚，而是挑战或超越它们。

布隆代尔认为这种设计是危险。但在历史上，那些创造出闻所未闻、想所未想建筑的建筑师们都获得了巨大的荣耀（甚至被神化，如伊姆贺特普）。建筑美学还包括创新，为旧问题寻找新方法以及抓住新想法。维特鲁威对"美"的信仰超越了固定的、权威性的古典元素，因为它还包括了建筑师的创新能力。

拓展阅读

1. Alberti, Leon Battista. *On the Art of Building in Ten Books*. Trans. J. Rykwert and J. Tavernor. Cambridge, MA: MIT Press, 1988.

2. Burke, Edmund. *A Philosophical Inquiry into the Origin of our Ideas of the Sublime and the Beautiful*. New York: Garland, 1971.

3. Le Corbusier. *Toward an Architecture*. Trans. J. Goodman. Los Angeles: Getty Research Institute, 2007.

4. Levine, Neil. *The Architecture of Frank Lloyd Wright*. Princeton: Princeton University Press, 1996.

5. Mitrović, Branko. *Philosophy for the Architects*. New York: Princeton Architectural Press, 2011.

6. Perrault, Claude. *Ordonnance for the Five Kinds of Columns after the Method of the Ancients*. Santa Monica: Getty Center for the Study of Art and the Humanities, 1993.

7. Roth, Leland. *Understanaing Architecture: Its Elements, History and Meaning*. Third edition. Boulder: Westview Press, 2014.

8. Rowe, Colin. *The Mathematics of the Ideal Villa and Other Essays*. Cambridge, MA: MIT Press, 1976.

9. Rykwert, Joseph. *The Dancing Column: On Order of Architecture*. Cambridge, MA: MIT Press, 1996.

10. Tavernor, Robert. *On Alberti and the Art of Building*. New Haven and London: Yale University Press, 1998.

11. Vitruvius. *The Ten Books on Architecture*. Trans. I. Rowland. Cambridge: Cambridge University Press, 1999.

12. Watkins, C. And Ben Cowell. *Uvedale Price: Decoding the Picturesque*. Woodbridge: Boydell, 2012.

13. Wittkower, Rudolf. *Architectural Principles in the Age of Humanism*. London: Academy Editions, 1949.

第六章
独创性

如果我们认同维特鲁威对于"美"的需求，那么我们就必须制定一套建筑美学规律，否则没法判断是否成功。然而，我们希望所有的建筑物都仅按照同一个创新模式进行变化，无论多么"完美"吗？崇高感还提示人们建筑应该是令人兴奋的。

实现该目标的方法之一是给建筑引入意想不到的元素，如巴黎的一座博物馆就在其垂直立面上引用了一系列常规窗户，本身也恰好成为一片繁茂的直立式花园。不论进入博物馆与否，这一设计带来的惊喜会令我们停顿、思考并铭记。博物馆的建筑师让·努维尔（Jean Nouvel）肯定非常乐意看到游客的这种反应，毫无疑问，他希望这一元素会激发出观众对墙壁和花园、自然和建筑的不同思考。他希望他的建筑是富有创意的。

★ 又一个文艺复兴理想

塞里奥写道，他的设计系统提供了五种柱式以及可行的平面和立面布局，据此即使是"平庸的"建筑师也可以设计出好的建筑。只需遵循规则、选择选项并组合就可以了。简单，简直太简单了！可是谁

图 6.1 让·努维尔，凯布·朗利博物馆，巴黎，2006

渴望平庸呢？或者说谁愿意仅按照固定模式进行建筑设计呢？建筑师和他们的客户通常都会希望有所"不同"。

　　阿尔伯蒂和塞利奥强调了古典主义如何保证作品的品质，但佛罗伦萨画家、建筑师乔尔乔·瓦萨里（Giorgio Vasari）在 16 世纪中期对文艺复兴进行了完全不同的描述，他的书《最优秀画家、雕塑家、建筑师的艺术生平》（简称为《艺园名人传》，1550—1568 年）是一系列传记，着重介绍了那些创造文艺复兴的艺术家。瓦萨里解释到，罗马帝国结束后古代艺术家捕捉自然美的能力丧失了。艺术"衰退"（瓦萨里的观点）为平淡的、简单的模式化创作，直到中世纪后期在托斯卡纳出现奇迹，当时一些佛罗伦萨画家如乔托（Giotto）开始用古代艺术家的方式作画，创作出立体的人物和逼真的空间。

　　正如瓦萨里所说，经过几代佛罗伦萨艺术家的努力，他们的作品不断"进步"直到可与古人作品媲美的水平。瓦萨里作品中记录几十位艺术名人，展示了他们作为一个群体其作品带来的集体性变革效应。但在他的记述中艺术家也是作为个体出现的，他们的成就和局限性反映了他们的天赋和个性。瓦萨里称赞了列奥纳多·达·芬奇的大智慧，他对人体解剖的把握以及他深邃的想象力（设想直升机和坦克），他的油画《蒙娜丽莎》中采用烟雾的阴影使得人物"栩栩如生"。但是列奥纳多兴趣广泛，作品众多，使他很难完成一件事情。对于瓦萨里来说他的职业生涯因此不够"完美"。与列奥纳多同时代的拉斐尔（Raphael）也创作了许多开创性的、栩栩如生的肖像。对瓦萨里来说，拉斐尔可能已经达到了"完美"的地步，除了他英年早逝，享年 37 岁。

但是有一位非凡的艺术家达到了瓦萨里的理想，那就是米开朗琪罗·博那罗蒂（Michelangelo Buonarroti）。他在三个领域"超越"了所有艺术家，分别是雕塑（代表作大卫雕像）、绘画（代表作西斯廷教堂天花壁画）和建筑。[1] 此外，瓦萨里声称米开朗琪罗的艺术不只是模仿自然，而是超越了自然。他作品中的人物打破了自然"规则"，

图 6.2　米开朗琪罗，大卫雕像，1502；西斯廷教堂利比亚女巫的细节，1508—1512

---

[1] Giorgio Vasari, *The Lives of the Most Excellent Painters, Sculptor, and Architects*, trans. J. C. and p. Bondanella (New York: Oxford University Press, 1991), p282.

如大卫雕像比例过大的头部和手部以及作为女性的利比亚女巫惊人的魁梧肩膀。然而，这些背离并不是缺陷，夸张的比例和富有表现力的肌肉组织可实现更高的艺术目的，表明了艺术家的伟大之处。

瓦萨里甚至称米开朗琪罗是有史以最优秀的艺术家，无关乎时间与地点。虽然他的这种断言是基于对米开朗琪罗的崇拜，而不是事实，但瓦萨里对米切朗琪罗崇拜的原因则意义深远。

★ 设计，创意和"神圣的天才"

瓦萨里把绘画、雕塑、建筑放在一起是因为它们都基于"迪塞诺"（disegno），这是一个意大利词，包含"绘画"和"设计"两种含义。绘画让艺术家们表达出作品的造型要素（阿尔伯蒂的轮廓特征）、生动的模仿自然状态并展望新的解决方案，在文艺复兴时期这项技能日益受到人们的重视。富有想象力的创造力或"创意"帮助艺术家设计出新建筑来再现古遗迹的辉煌，当时这些辉煌只能通过残迹、文字和"美"的抽象概念来体会。

图 6.3 拉斐尔，哲学（雅典学院），"签署厅"房间，
梵蒂冈宫殿，1509—1511

拉斐尔著名的梵蒂冈宫壁画《雅典学院》真正做到了这点，画面表现的是最伟大的古代哲学家聚集在一座庞大的建筑内，该建筑拥有平顶镶板装饰的筒形穹顶以及"穹顶"式天空。该画借用了罗马古遗址的元素，但拉斐尔的创作是在想象中进行的。艺术家发明了一种从未有人建造过的建筑。

瓦萨里赞扬了米开朗琪罗的"最神圣的天才力量"。[1] 今天我们用"天才"这个词来形容那些思维新颖和激进的人，他们重塑了人们对现实的认知。"天才"在拉丁语中是形容拥有独特技能和才华的人（见第四章）。对古罗马人来说，它还指个体或家族的守护神。当瓦萨里称米开朗琪罗的成就"神圣"时，相当于认为后者的工作和精神与终极造物主上帝齐名。

这些关于米开朗琪罗的神奇、独特才能的记录也把艺术成就的顶峰与大胆、创意和打破常规联系在一起。虽然瓦萨里只简单概述了米开朗琪罗的建筑，但字里行间仍强调了天才和创意之间的关系。我们可以通过米开朗琪罗为佛罗伦萨的圣洛伦索（San Lorenzo）修道院设计的学术图书馆一窥其建筑的创意性。它的门厅乍看起来非常古典，其中流畅的多立克柱有着标准的比例，窗洞口上的楣饰（部分三角形，部分圆形）均为米开朗琪罗时代的常规元素。

但如果仔细看一下话，会发现有些部分看起来很奇怪，像窗上方的古怪的近方形造型，如壁龛一样且柱子的位置在墙内，（柱

图 6.4　米开朗琪罗，劳伦图书馆前厅，圣洛伦佐，意大利佛罗伦萨，16 世纪 30 年代

---

[1] Giorgio Vasari, *The Lives of the Most Excellent Painters, Sculptor, and Architects*, trans. J. C. and p. Bondanella (New York: Oxford University Press, 1991), p282.

子下部）貌似通过弧形"肘托"或搁板支撑，而不是实体基座。此外，这些元素均以一种非古典式填塞在非常小的背景空间中，壁龛的楣饰和柱子几乎区分不开。图书馆门口上的楣饰（图 6.4 中被遮挡）与两侧的柱子部分重叠在一起，门被紧紧地挤在角落里，看上去像个设计失误。照片无法捕捉宽大的楼梯是如何通到几乎没有空间用于四处走动的阅览室。

米开朗琪罗知道"正确"的古典主义规则。但他更愿意把标准和他自己发明的元素结合起来以制造紧张感和戏剧性，就像他作品中夸张的人体解剖结构一样。任何"平庸"的建筑师都可以遵循这些规则，但米开朗琪罗的唯一规则是他自己的创造性构想。瓦萨里写道，米开朗琪罗的建筑"打破了那些造成他们（同时代建筑师）固守同一套老路的桎梏"[1]。他打破陈规的行为显示了同时代的建筑师是多么受制于"正确"的规则。

任何人都可以做一些故意违反规则的事情。标新立异的同时还能创造出优于传统的作品，瓦萨里相信米开朗琪罗做到了该点，这种能力就是拥有"神圣"创造力的表现。这表示米开朗琪罗不仅成为一名有天赋的艺术家，更是一位"天才"，并为成功定义了新的标准。

★ 天才，先例和灵感

在瓦萨里眼中，米开朗琪罗是天赋异常的典范，超越他周围的一切人。但后者本身对比他早期的部分人物也怀有深深的敬意，如布鲁乃列斯基。与"复制是最真诚的恭维"这种老生常谈不同的是，米开朗琪罗把前辈的作品作为他创作的出发点，以表达他最崇高的敬意。他在承认这些灵感源泉的同时，创作了许多原创性的、超越被模仿对象的作品。

这可以从米开朗琪罗最负盛名的建筑项目罗马的圣彼得大教堂

---

[1] Giorgio Vasari, *The Lives of the Most Excellent Painters, Sculptor, and Architects*, trans. J. C. and p. Bondanella (New York: Oxford University Press, 1991), p454.

看出，该教堂是西方基督教大公教会的教堂（图 1.10）。重建原有的、不稳固的千年教堂的任务最早开始于 1506 年，40 年后也就是 1546 年，72 岁的米开朗琪罗被委以此任。在第一任建筑师的主持下该项目进行了八年，之后一直处于停顿状态。三十二年来，换了一批总建筑师，但他们一直都非常忙碌，不是忙于建造，大部分时间都在忙于解决对新教堂设计的争议。

米开朗琪罗的上一任总设计师是安东尼奥·达·桑加罗（Antonio da Sangallo），在他主持工作的 26 年里，大部分时间都致力于实现自己的设计。他先用了七年建造了一个尺寸为 15 英尺 ×24 英尺 ×10 英尺（2.6 米 ×7.3 米 ×3 米）的巨大木制模型。这样虽然花费比较高，但模型将确保桑加罗的设计在未来的建筑师中保持权威性。

米开朗琪罗除外。他对桑加罗（或同时代建筑师的大多数）的设计都没有好感，也不打算根据他不喜欢设计进行建造。但他没有重新开始，而是回到了设计过坦比哀多（Tempietto）礼拜堂（这个小小的神殿被认为可以媲美古代的神庙，见图 5.7）的第一任建筑师布拉曼特（Bramante）的设计。米开朗琪罗非常推崇这位年长他三十岁的前辈。拉斐尔的《雅典学院》中的假想建筑空间很可能是受伯拉孟特关于隔壁教堂的设计启发而创作的，那时该教堂正处于早期建设中。

包括一枚显示布拉曼特项目外观设计的纪念章（图 0.5）在内的证据显示这是一项对称的设计，广场内是一个"十字"形设计。上面将加一个圆顶，大小接近古罗马万神庙（图 7.5）和佛罗伦萨圣母百花圣殿的圆顶（图 4.4）。已完工部分大都是按伯拉孟特的设计进行，所有的后续设计均把已有的地基和支墩纳入了考虑。工程推迟是因为集中规划备受争议，而且打算用于支撑 300 英尺高处庞大穹顶的支墩已出现裂缝。

米开朗琪罗采用了布拉曼特原来的规划，并对它进行了加强，包括对桑加罗强有力的穹顶支墩添加了更坚固的围墙，并增加了简单的带十字架广场布局。他保留了第一版规划的精华，暂时平息了几十年的争论，并完成了建造。

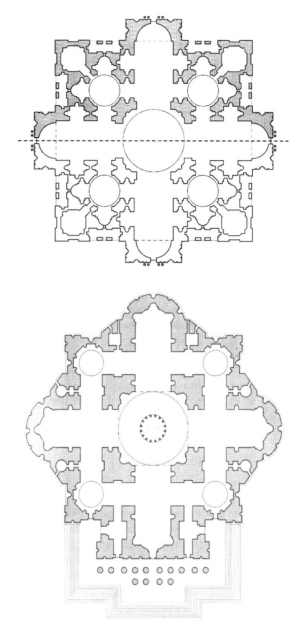

图 6.5　布拉曼特，罗马新圣彼得大教堂平面图，1506；
米开朗琪罗的新圣彼得大教堂平面图和外视图，罗马，1546

图 6.5（续）

　　米开朗琪罗 1564 去世时已主持该项目十八年，当时他已近八十九岁，教堂的工作已完成到圆顶的鼓形墙壁。他对圆顶样式稍作修改，从半球形拉伸到蛋形，这虽是一个无意之举，但也是对布鲁内莱斯基的致敬，他是米开朗琪罗尊敬的人物之一。

　　在圣彼得大教堂建设过程中，米开朗琪罗也拥有了一个布鲁乃列斯基没有的机会，即设计圆顶的外观。在教堂圆顶以及别处巴西利卡的外观，米开朗琪罗都在其中运用了他自创的古典主义语言。它赋予了这座宏大建筑庄严和独特的城市感，一种为永恒之城所认同的感觉。

★ 天才之后

　　我们可能不认为米开朗琪罗的成就达到了瓦萨里所赞扬的高度，因为瓦萨里不是一个客观的批评家。瓦萨里自称为米开朗琪罗的门徒，他的绘画和建筑很明显地追随米开朗琪罗的风格。他热衷于把米开朗琪罗描绘成神一样的天才，因为提高他老师的声望等同于增加自

己的荣耀。或者不是如此，复制一个因原创性而闻名的艺术家有多令
人钦佩？如果我们追随"最好的艺术家"，我们又希望自己能取得什
么成就呢？

也许我们可以像瓦萨里那样接受米开朗琪罗卓越超群这一观点，
并在他的阴影下工作；我们也可以认为他的伟大是言过其实的；如果
有足够的自信，我们甚至可以挑战这位所谓的艺术之"神"，并试图
打败他。吉安洛伦索·贝尔尼尼（Gianlorenzo Bernini）是一位年轻的
雕塑家，在米开朗琪罗之后的一个多世纪出生，他选择了后一条道路。
在公布他的大卫雕像时，贝尔尼尼自称为继承人，另一个以米开朗
琪罗的作品为起点进行了原创的天才，就如米开朗琪罗之于布拉曼
特一样。

贝尔尼尼的自信得到了回报。他的才华和魅力使他成为几位教
皇心仪的建筑师，朝臣般的建筑名人。对圣彼得大教堂的不朽贡献是
他辉煌职业生涯的顶点。贝尔尼尼为巨大的锁孔形广场设计的雄伟柱
廊，把巴西利卡的气势扩展至整个城市，这以城市尺度的标签可与米
开朗琪罗的标志性穹顶（图 3.5）相媲美。

不幸的是，"天才"打破传统的创意并不总会自动的获得认可
并取得成功。贝尔尼尼同时代的罗马建筑师弗朗西斯科·波罗米尼
（Francesco Borromini），拥有超过贝尔尼尼的天赋。他出人意料地采
用理性几何基础创造出动态且精彩的空间，雕刻出波浪起伏的泥塑般
外观，扩大了古典主义的词汇。在四喷泉圣卡罗教堂（St. Carlo alle
Quattro Fontane），波罗米尼的蜿蜒平面解析成用平顶镶板装饰的椭圆
形圆顶，这是该教堂真正"天才式"的设计。他在罗马还建造过一些
更大的项目，但都无法媲美贝尔尼尼在圣彼得教堂广场上留下的巨大
标志。

像米开朗琪罗一样，波罗米尼性格执拗，最终以自杀结束生命。
波罗米尼的性格和职业生涯与现代的天才观非常吻合，他们都是不安
分的局外人，他们的观点过于先进以至于无法被所在的时代所理解，
只能等待时间证明其正确性。我们常常认为天才不会被誉为"先知"，
而是被当作"祸害"。

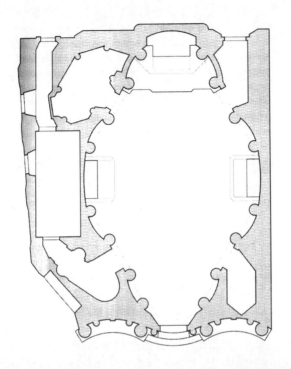

图 6.6　波罗米尼，四喷泉圣卡罗教堂（平面图和穹顶），罗马，1638—1667

★ 教出天才？

如果伟大的建筑源自创意、创造以及神一般的发明天才，这就与"学科"所需的一系列知识相矛盾。学科是指可被教授的主题，文艺复兴时期的书籍和法国科学院均依赖一定的规则以使建筑学成为可被教授的学科，创意需在已建立的边界内实施。但并不是所有的人都赞同这一做法。19世纪的批评家，尤金·艾曼·维欧勒·勒·杜克（Eugene-Emmanuel Viollet-le-Duc）称巴黎高等美术学校为"制造厂"，它们是制造使用相同设计方式且千篇一律的建筑师工厂。他认为设计学校应该培养创造力，而不是盲从。

19世纪末，一位年轻的美国人路易斯·沙利文（Louis Sullivan）曾在巴黎高等美术学校学习，他也有类似的想法。在他的自传中，沙利文描述到自己开始对这所世界上最著名的建筑学校不满。他在意大利的旅行中得到了这个启示。沙利文被罗马西斯廷教堂所征服，整整两天他都在"无声地与伟人交流"，并且"体会并看到了一个伟大的自由灵魂"。[1] 根据他自己说法，他不需要规则和方法，只需要与天才来一次直接的、激动人心的相遇。也许只有另一个天才，如米开朗琪罗，才能解锁他的潜在创造力。

很快沙利文回到美国，最终搬到芝加哥。他在那里的建筑都带有一种原创的装饰风格，采用充满活力的几何形结构的植物进行装饰（图7.8）。沙利文的作品使用了许多古典主义来源的元素和形式原则，但是就像米开朗琪罗一样，具有可辨识的个人风格。沙利文是否有资格被称为"天才"（他的许多想法是对波罗米尼的呼应）可能具争议性，但他对原创性的追求是不争的事实。

---

[1] Louis Sullivan, *Autobiography of an Idea* (New York: Dover, 1956), p234.

★ 世纪人物

在《走向新建筑》中勒·柯布西耶对他的建筑同行表达了不屑，但只有两人除外。一个是雅典雕刻家菲狄亚斯（Phidias），他创造了帕提农神庙巨大的信徒雕像和外部的雕塑（见第1章）。有人认为在波斯人摧毁雅典山顶的圣殿后的重建中，菲狄亚斯担任了雅典卫城重建的艺术协调人。在这一版的历史中，帕提农神庙的建筑师伊克提诺斯和卡利特瑞特均服从菲狄亚斯的统一安排。勒·柯布西耶称赞他为最具设计权威的创新型"策划者"。

勒·柯布西耶钦佩的另一位建筑师是米开朗琪罗，他认为圣彼得大教堂是后者建筑天才的体现。柯布西耶虽然没像瓦萨里那样称赞米开朗基罗是有史以来最好的艺术家，但的确称他为"千年一遇的人才"，一个用创意主导整个世纪的顶级人物。同样地，对勒·柯布西耶而言，菲狄亚斯是上个世纪的顶级人物，"他"的雅典卫城创建了无与伦比的设计标准，在米开朗琪罗出现前无人超越。

勒·柯布西耶从未提到过谁是下一世纪的建筑师——答案不言而喻（他从不自谦）。只有一位现代建筑师，弗兰克劳埃德·赖特能与勒·柯布西耶比肩。二者还有另一个共同点，那就是虽然弟子众多，但却无人超越他们的成就。像瓦萨里那样，大多数的弟子只是延续了导师观点。

天才是独特的，难以预测且随机出现的，甚至是千年难遇的。如果建筑应该展示持续的原创性，而不是仅当世纪天才出现时，这怎么能够延续呢？能把创新组织和利用起来以使更多人受益吗？它仅严格地适用于个人，还是可以适用于群体？

★ 独创性、变化和进步

我们也许还会纳闷"天才"是否真的存在或者说仅是为了理解原创思维而发明出来一种方便、人为的方式。唯物论者托马斯·库恩

（Thoms Kuhn）在他 1962 年所著的《科学革命的建构》（*The Structure of Scientific Revolutions*）中从科学史的角度提出了不同的观点。他发现现有的解释模式或范式能催生实验、假设和发现，暂时性地扩展知识。但最终科学家们都会遇到新情况，提出现有模型无法圆满解决的问题。

库恩发现重大突破往往是局外人从领域外围观察现有范例时取得。处于更远的位置，有助于他们制定新模式，该模式既保留了原模式的长处，又能更好的解释更多现象和回答新问题。库恩称这一思维根本性转变为"范式转换"。

库恩的理论并不否认异常天赋、有远见个体的存在性，然而，它确实表明革命性的创新不仅关乎我们是谁，还关乎我们处在"哪里"。我们在思想界的位置会影响我们的创新能力。如果建筑要表现变化，那么非建筑师，或多接触非建筑领域的建筑师，将更易实现这一目标。

今天，当我们享受着日新月异的产品时，如更小、更轻、更强大的电脑和电话，我们期待并欢迎"进步"，但这不是普遍真理。例如，大约公元前 2500 年吉萨最后一座金字塔的建造者孟卡拉（Menkaure）和他妻子的雕像，是按照一副肖像画制作的，该肖像画一直到公元前 17 世纪仍被埃及皇室延用。如果艺术家们都谨慎地遵循 1800 年前的约定，这表示创意并不是首要的。随着时间的推移，古埃及文化确实经历了许多变化，其中伊姆霍特普的金字塔就是一个显而易见的建筑实例，但它非常重视连续性、永恒性和停滞的理念。

图 6.7　孟卡拉和他妻子的塑像，
约公元前 2500 年

现代人认为"变化是一种积极的力量"这种观点源于一些大思想家，包括哲学家戈特洛布·黑格尔（Gottlob Hegel）。黑格尔认为"变化"是必要的，甚至是不可避免的，尤其在思想界。他发展了一个模型来解释人类思想的改变的发生：一个想法、一篇"正论"能引发另一种或相反的"反论"。最终两种想法合二为一成为一个"合论"，变成一篇新论文并开始下一个周期。黑格尔把它称为知识随着时间的推移而不断积累的过程，这种动力推动人类的理解力不断前进，越来越接近真理。

这种观点可以称为"上升"：黑格尔最初学习的是神学，他认为历史不单单是改变，还是在他所谓的"灵魂"或精神的驱使下螺旋式上升，黑格尔绝不会接受米开朗琪罗或古希腊人是"有史以来最好的"这种说法，因为在螺旋式上升中后来者的成就总是高于前人。在他的模型中，进步不是依靠天才或局外人的视角实现的，而是它本身就是一种不可抗拒的力量。黑格尔去世几十年后，英国博物学家查尔斯·达尔文（Charles Darwin）提出生物如同思想一样，其变化也是自然的过程。他的进化论是对黑格尔思想的创造性延伸，也是科学界一种基本范式转换。

★ 反叛、成功与前卫派

变化往往也是建筑思潮的规律。即使是那些被创建出来以确保稳定性和可靠性的机构也会发展，如法国科学院。同样的还有巴黎高等美术学校，虽然无视维欧勒·勒·杜克的指责，但也偶有变革。19 世纪 20 年代，许多罗马建筑奖得主曾研究过意大利未被认可的作品，包括学院非常厌恶并认为很粗糙的帕埃斯图姆地区的古希腊神庙（图 5.3）。然而，大多数建筑师最终都在他们藐视的作品中找到了可取之处，其中之一就是后来设计了巴黎高等美术学校主楼的费利斯·杜邦（Félix Duban）。

建筑中独立的创造力是如此的自然以至反抗权威是不可避免的吗？大胆和叛逆是成功的最佳策略吗？持有这些观点的就是"前卫

派"，在超过一个世纪的时期内，他们成为占据艺术主导地位的范式。这个军事术语是"先锋"的同义词，最初是指一组负责危险攻击的士兵，他们先占领敌人的一个据点，控制它直到主力到达，然后重复这个模式。积极扩张新领土需对现状有批判的视角，才能确定战略机遇并进行推进。

图 6.8　亨利·拉布鲁斯特，圣吉纳维夫图书馆，巴黎，1843—1851

前卫派挑战文化边界的一个著名例子发生在 1917 年。当时的法国艺术家马歇尔·杜尚（Marcel Duchamp）购买了一个标准小便池，将其命名为《泉》并用化名签名，之后把它放在一个艺术展上。杜尚开了一个好头，成功的引导舆论宣扬了他们的观念，即艺术的根本在于艺术家的创意。这一想法已在艺术世界活跃了数十年，但杜尚的策略比前人更大胆。他找到了一块无人的领域并入侵，重新定义了未来一个世纪的艺术观念。

★ 现代主义：设计当下

杜尚的《泉》所属的前卫派艺术是现代主义的一部分，后者是一场更为宏大的文化运动。工业革命带来了前所未有的技术和社会巨变，这是十九世纪不争的事实。在这个千变万化且经常离经叛乱的世界中，现代主义艺术抛弃了对永恒真理、理想美或怀念主义构想的世界的幻想，转而去诚实的反映艺术家所面对的现实和境况。现代主义者推行对当下的批判性分析，有意义的小说或绘画应该表现某地和某时出现的矛盾和紧张，并寻找新的方式来对此予以表达。

不断扩大的城市中产阶级人群使法国现代主义前卫派经久不衰，对他们来说书籍和绘画均是负担得起的奢侈品。与诗或彩色粉笔画不同，建筑所需的生产成本较高，还需要官方监督。尽管面对如此挑战，各种前卫的"现代主义"建筑想法开始在 19 世纪涌现，并在 20 年代初成形。

其中的一个主题是工业原料，19 世纪的建筑师比工程师更吝于使用这些材料（见第四章）。在传统建筑类型中，大多数建筑师都倾向于掩盖现代材料（如铁）的使用。然而，19 世纪 20 年代巴黎高等美术学校叛逆者之一亨利·拉布鲁斯特（Henri Labrouste）所建造的第一个重大项目则没有这样做。他设计的巴黎圣吉纳维夫（Ste.-Genevieve）图书馆，用钢铁拱券和柱子打造出高耸、视野开阔的主阅览室作为图书馆主要公共空间。它并没有把铁隐藏起来或者把铁限制于一个单独的"工程区"，而且以一种一直以来被认为是现代主义、前卫派的方式，把工业生产的元素作为建筑的中心。

★ 建筑极端主义：卢斯和未来主义

实现现代主义建筑的另一种途径是极尽简约的设计，这可以追溯到阿尔伯蒂认为美源于纯粹、抽象造型的观点。布雷主要的、无法建成的建筑在 18 世纪大概可以称为前卫派，后来的历史学家如埃米尔·考夫曼（Emil Kaufmann）则将它们和现代主义联系在一起（图 5.12）。布雷之后的一个世纪，捷克建筑师阿道夫·卢斯（Adolf Loos）进一步倡导了简约化革命，卢斯大部分的职业生涯是在维也纳渡过的。他是大众报刊的文化评论员，他的专栏尖刻睿智，经常嘲讽维也纳人的各种生活习惯，范围从个人卫生到餐桌礼仪，甚至到服饰爱好都有。

1908 年，卢斯发表了一篇轰动性文章陈述了建筑、文化以及装饰文化的利弊。《装饰与罪恶》通篇充斥着对人类文化的极端偏见。他批评喜欢装饰的人是"文化的落后"，包括他们的建筑、家具、食物。卢斯把建筑立面上的装饰比做儿童或破坏者的涂鸦，并明确地把欧洲文明所认为的"原始人"和罪犯标志的文身与两类人联系在一起。与之相反的，如果我们喜欢无霜糖姜饼或者未经雕刻烟匣（他众多例子中的两个），我们就能欣赏到更高级的美。卢斯写道："去除装饰是一种精神力量的标志。"[1]

卢斯还断言任何有文身的（欧洲）人不是在监狱里，就是在去监狱的路上。这一离谱的言论绝对是刻意的。他的这种极端说辞主要针对维也纳力挺华丽装饰风格的一派建筑师。在杜尚的前卫噱头过去十年后，卢斯也同样使用大胆的战略，他把对手的工作比做"低级"形式的人文学科，并质疑他们的权威性，吸引眼球的同时充分利用它使其成为职业机会。

建筑界对永恒变化的最具革命性的呼吁出现在卢斯的文章发表后一年。意大利凭借其数世纪以来崇高的艺术和令人敬畏的古迹催生了称为未来主义的前卫运动。在 1909 年，未来主义的作家、艺术家和建筑师出版了他们的第一份"宣言"，宣称赛车比希腊雕像更优美，工厂和发电厂比教堂或神庙更好。他们不只是喜欢新生事物，还宣称："我们将破坏所有的博物馆、图书馆和学院。"[2]仅有漠视或超越是不够的，旧的必须被消灭。

未来主义者认为意大利的文化机构和数世纪的历史使得他们不可能拥有"现代文化"：1914 年，未来主义建筑师安东尼奥·圣·埃利亚（Antonio Sant' Elia）宣称"每一代人都需建立他们自己的城市"。[3]他

---

[1] Adolf Loos, "Ornament and Crime," in U. Conrads, ed., *Programs and Manifestos on 20th-Century Architecture*, Trans. M. Bullock (Cambridge, MA: MIT Press, 1970), p24.

[2] Filippo Tommaso Marinetti, "The Foundation and Manifesto of Futurism," in C. Harrison and P. Wood, eds., *Art in Theory 1900-2000: An Anthology of Changing Ideas*, 2nd ed. (Malden, MA: Blackwell Publishing, 2003), p148.

[3] Anthonio Sant'Elia, "Futurist Architecture," in U. Conrads, ed., *Programs and Manifestos on 20th-Century Architecture*, trans. M. Bullock (Cambridge, MA: MIT Press, 1970), p38.

们要旧的永久性的建筑理念让位于瞬息变化的现实。就像今年的流行歌曲或潮流趋势一样，前卫主义认为今天的建筑将很快过时，应被替换。

★ 社会关联性、住房和现代主义的综合

实现现代主义建筑的另一种方法是将建筑设计与社会巨变联系在一起。使用工业材料和简约造型的一个重要理由是有助于建造人们住得起的房屋。这在第一次世界大战后尤为明显，当时欧洲的前卫建筑师提倡使用现代建筑来弥补大规模的住房短缺。与其采用传统的、劳动密集型的施工方法，为什么不利用工业呢？将大规模生产和简约设计结合起来，可为大众提供舒适、经济实惠的卢斯式的美丽家园。

勒·柯布西耶在《走向新建筑》中提出通过建造简约、工业化的现代住房来解决这一紧迫的社会问题。勒·柯布西耶自 1915 年以来就在从事这方面的工作，他和瑞士的工程师马克斯·杜·波依斯（Max Du Bois）共同开发了一个预制系统，旨在用于大规模住房建设，该系统每层用由六根柱子支撑水平钢筋混凝土楼板，可用任何材料制成的维护进行封闭，并根据需要对其内部进行划分。现代化的方法以及简单的造型使这些预制系统可以直接满足社会需求。

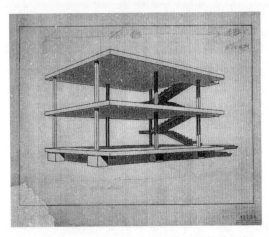

图 6.9　勒·柯布西耶和马克斯·杜·波依斯，多米诺住宅，1914—1915

1915 年，"勒·柯布西耶"仍使用他出生时的名字：查尔斯·爱德华·让纳雷（Charles-Edouard Jeanneret）。让纳雷在第一次世界大战期间他来到巴黎，幸运的是，瑞士公民的身份使他免于参加战争。战时的巴黎，建筑类的工作机会非常少（他靠另一份工作付房租），但却造就了活跃的艺术氛围和文艺前卫派，包括巴勃罗·毕加索（Pablo Picasso）、伊戈尔·斯特拉文斯基（Igor Stravinsky）、厄内斯特·海明威（Ernest Hemingway）。年轻的让纳雷和他的堂兄，以及画家阿梅代·奥赞方（Amedee Ozenfant）通过杂志《新精神》（*L'Esprit Nouveau*），提出关于艺术、文化、建筑的激进新思想。

他最初使用化名勒·柯布西耶（姓氏和昵称的组合）开始在《新精神》杂志上发表文章，该前卫派杂志拥有广泛的作者群。他的《Towards an Architecture》一书（书名的首次英译文为《走向新建筑》）基本上是他在该杂志上发表的文章的汇编。它是另一份宣言，既像卢斯那样具有挑衅性，又像未来主义那样具有革命性。在这里，勒·柯布西耶有效地将现代主义建筑的三大理念（工业时代受工程启发的设计；极致简约的审美；通过建筑服务大众）综合在一起发出进行激进变革的呼吁，《走向新建筑》还指出建筑师属于文化先锋。本书无与伦比的影响力把前卫派从建筑界边缘推到中心位置。20 世纪 20 年代，这本反权威的文字成为本学科的福音。

★ 学院就是用来反叛的？

教授现代设计的德国包豪斯（Bauhaus）学院也产生了类似的影响。包豪斯也是致力于使用工业方法、抽象美学以及革命的文化使命。包豪斯学院是一个前卫、反主流文化的机构，鼓励学生和教员拒绝主流。但如果权威性教师教学生去进行反抗，他们是真的反抗吗？前卫学院不是一个矛盾体吗？不论矛盾与否，该实验只持续了 14 年。1933 年，德国的新纳粹政权关闭了支持现代主义艺术家和犹太艺术家的包豪斯学院。具有讽刺意味的是，这样反而扩大了其艺术影响力，因为学校的毕业生和教师分散到全球各地。有些去了东方，如俄罗斯和日本；有些去了西方，如英国和北美。

两名前包豪斯的负责人对美国的建筑设计教育产生了深远的影响。包豪斯的创始人沃尔特·格罗皮乌斯（Walter Gropius）后来成为哈佛设计研究生院的教授。在这个看似矛盾的常春藤大学，他教授前卫派革命的建筑学。该教学活动的影响将现代主义审美观推广为美国战后的建筑规范。受哈佛研究生以及包豪斯的影响最终重塑了大多数北美大学建筑课的教授方式。

另一个有影响力的人物是密斯·凡·德·罗（Mies van der Rohe），他在包豪斯学院解散前三年时间担任主任一职。1937 年他来到芝加哥，担任阿尔莫理工学院（Armour Institute）建筑系主任，后来该校改名为伊利诺斯理工学院（Illinois Institute of Technology），并在二战

图 6.10　密斯·凡·德·罗，玻璃摩天大楼项目，1922；
西格拉姆大厦，纽约市，1956—1958

后进行了丰富的实践。20 世纪 20 年代初居住在柏林时，密斯经常设想在建筑中采用透明的、形态自由的玻璃、钢、混凝土塔楼，但在当时当地是不可能实现的。到上世纪 50 年代，这位流亡的先知在芝加哥和纽约把他的前卫梦想变成了现实。源于前卫思想的建筑现代主义发展成为该专业的当权派，成为有待下一波新思想浪潮推翻的权威。

通过适当地运用变革观念，现代运动史打破了这个看似不可避免的命运。瑞士历史学家希格弗莱德·吉迪恩（Sigfried Giedion）所著首次出版于 1941 年的《空间、时间与建筑：新传统的成长》，成为现代建筑师的福音。吉迪恩拥护黑格尔的 "Zeitgeist" 理念，意思是 "时代精神"。对他来说，一个有成效的艺术作品需表达当代的实质，即

图 6.10（续）

现代主义的中心思想。吉迪恩把伟大的建筑师定义为那些通过设计来解读同时代文化的人。但文化总是在变化的，所以真正的现代主义者也是如此。遵循日新月异的时代精神将会使建筑永远"现代"。

★ 激进主义的局限性

前卫派模式在承载我们对建筑创意渴望的同时，也带来了风险。建筑界的创意领域是无限的吗？在何种情况下，这种竭尽全力的推动学科边界的行为会造成脱节？我们也可能会纳闷一个刻意激进的方法对建筑是否必定是好的。我们希望建筑师的工作重心放在先进的设计理念上，还是实用的现实结构上？

大胆创新的建筑可能是理想的商品。自20世纪末开始尤为如此。在20世纪90年代，弗兰克·盖里设计的新颖、独特的造型使他从默默无闻一跃成为国际明星（图0.1）。然而，成功总是伴随着代价。自从盖里的项目越来越表现出其"标志性"风格后，不论这些设计的创意如何，人们开始频繁地批评他缺乏创意。前卫派需要的是永不停歇的创新，此外好像他们并不太受欢迎。

许多著名的创意性建筑缺乏实用性，盖里的部分项目会产生危险的冰柱或对邻居造成光污染。关于著名建筑师设计的漏雨的屋顶、无用的空间，甚至是能烤化汽车的外墙的故事，比比皆是。在何种情况下，建筑师的大胆创意会违背他们的基本职业职责？美可能是维特鲁威三元素中最迷人的元素，他提出"美"来平衡"实用性"和"牢固性"。但在实践中该如何做到呢？

拓展阅读

1. Ackerman, James. *The Architecture of Michelangelo*. New York: Viking, 1961.
2. Conrads, Ulrich, *Programs and Manifestoes on 20th Century Architecture*. Trans. M. Bullock. Cambridge, MA: MIT Press, 1970.

3. Droste, Magdalena. *Bauhaus 1919-1933*, Trans. K. Williams. Berlin: Taschen, 2002.

4. Giedion, Sigfried. *Space, Time and Architecture: The Growth of a New Tradition*. Cambridge, MA: Harvard University Press, 1941.

5. Kuhn, Thomas. *The Structure of Scientific Revolutions*. Chicago: University of Chicago Press, 1962.

6. Le Corbusier. *Toward an Architecture*. Trans. J. Goodman. Los Angeles: Getty Research Institute, 2007.

7. Marinetti, FilippoTommaso. "The Foundation and Manifesto of Futurism," in C. Harrison and P. Wood, eds. *Art in Theory 1900-2000: An Anthology of Changing Ideas*. Malden, MA: Blackwell Publishing, 2003.

8. Sullivan, Louis. *Autobiography of an Idea*. New York: Dover, 1956 (1924).

9. Vasari, Giorgio. *The Lives of the Most Excellent Painters, Sculptors, and Architects*. Trans. J. C. And P. Bondanella. New York: Oxford University Press, 1991.

10. Vidler, Anthony. *Histories of the immediate Present: Inventing Architectural Modernism*. Cambridge, MA: MIT Press, 2008.

第三部分

建筑与什么有关?

What is architecture about?

物理,空间,人
PHYSICS, PLACES, PEOPLE

第七章
结构和造型

2011 年，美国建筑师学会将其第 25 届年度奖项授予波士顿最高的摩天大楼约翰·汉考克（John Hancock）大厦，该建筑由贝聿铭和亨利·科布（Henry Cobb）在 1976 年真正完成建设，二者均在哈佛师从沃尔特·格罗皮乌斯（Walter Gropius），该塔楼的设计创意在于采用了新开发的反光玻璃幕墙。在 1973 年（建设过程中）的暴风发生之前，巨大的、几乎无缝的玻璃墙使其成为一座纯粹抽象的棱镜，映照出城市和天空。

几块 500 磅（227 千克）的玻璃面板开裂并掉了出来，落在人行道上，掉落过程中还破坏了其他面板，所幸未造成伤亡。安装暂时性面板后不久该塔楼就有了一个新的绰号"胶合板楼"。修缮拖了三年才完成，直到人们找到造成致命危险的原因——在双层玻璃墙格设计的一个小细节上有问题。最后用低技术含量的单层玻璃换掉了整个建筑的外层，代价高昂。本案例充分证明了创新并未带来好处。

路德维希·密斯·凡·德·罗前卫的想象力为这样一栋全玻璃塔带来设计灵感，有报道说："好的建筑比原创性的建筑更重要。"[1] 密斯

---

[1] Reported by Philip Johnson; see "Obituary: Philip Johnson," *The Telegraph*, 28 January 2005, http://www.telegraph.co.uk/news/obituaries/1482161/Philip-Johnson.html (accessed 02 December 2014).

一直致力于用现代材料实现造型和空间的新理念，但是，他也一直在追求完美的工艺。已建成的建筑都会受到现实的限制。这其中包括维特鲁威三元素中的第一个元素：牢固性，或者说结构稳定性。建筑总是始于对可用材料的理解，哪些材料能够或不能够实现你的设计。

图 7.1　贝聿铭，约翰·汉考克大厦，波士顿，1976

★ 风干泥砖：沙漠墙

泥土本身是一种最古老、最充裕的建筑材料，它与水、沙、稻草或粪类基质混合后倒入小型的模子晾干，就能制成大小统一的晒干泥砖或风干泥砖。在这种"模块化"系统中，大造型是由小单元构建而成，可建造出多样的建筑。土砖外层覆盖泥浆后就成为一种"可塑性"材料，可用于堆砌平滑而圆润的造型，像粘土那样。

这些特质可以通过分别位于北美的西南部和非洲的撒哈拉沙漠两个古老的例子来说明。土砖可以建造坚实、厚重的墙壁，高"热阻"使其传热速度较慢，它能在炎热的天气保持室内阴凉，在沙漠

171

寒冷的夜晚保持室内温暖，是这两处干旱地区的理想建材。在干燥的气候条件下，土砖是最实用的，因为水会侵蚀建筑的外表。土砖结构可以保持很多年，甚至几个世纪，但需要定期维护，需要较多的劳动力。

风干泥砖墙经常与梁合用以跨越内部空间，梁的材料各地不同——新墨西哥州用的是木头，马里用的是棕榈枝——干泥缺乏弹性，柔性的梁通过吸收应力来加固结构，其结果就是形成一个由不同材料构成的复合系统，不同材料有不同的结构功能。杰内（Djenné）大清真寺使用了大量的棕榈枝，这也为每年的维修提供了一种永久性的脚手架。大清真寺内细长的圆锥尖顶和塔楼永远不会和圣弗朗西斯科陶斯族教堂（San Francisco de Assis in Taos）流畅、低矮的造型混淆。但是它们采用的资源和方法是类似的，两者是不同沙漠文化下的产物。建造技术决定了基本的设计参数。

图 7.2　圣弗朗西斯科教堂，新墨西哥州，1772—1816；
杰内大清真寺，马里，初建于 13 世纪，现在的结构建于 1907 年

图 7.2（续）

★ 木材：框架与连接

只要是树木资源丰富且经济实惠的地方，如北美大部分地区，木材常被用于建筑，这主要是因为其强度、弹性和可加工性。像土坯一样，木结构也是以基本的形状为单位的（通常长且细，像树木一样），美国大部分的居家建筑都依靠钉在一起的双头螺柱连接形成框架。虽然单个钉子的力量薄弱，易被拔出，但大量的钉子可以实现系统的强度，数以千计的钉子可产生牢固的连接。

木材容易受虫蛀和水蚀，但精心的设计和维护可使外露的木头经久耐用。俄罗斯和斯堪的纳维亚（Scandinavia）的许多软木教堂已有数百年的历史，日本和中国佛教早期的木制建筑有的已超过 1 000 年（图 1.8）。在上述案例中，建筑师在设计时，都考虑了木材随温、湿度变化而产生的天然膨胀和收缩，以及如何防水。

中国已知的最古老的建筑规范是 1103 年出版的《营造法式》（建筑方法专著）已有 900 年的历史，里面介绍了木料的设计方法。该书的作者李诫（逝于1110年）是宋朝主管宫殿、桥梁、船舶建造的官员（对应希腊理解中的"建筑师"）。他是一位科学家、画家，同时也是一位建造者、智者、艺术家和管理人员，著有多本书籍。《营造法式》规范了建筑术语和屋顶坡度的计算方法，并提供了改良的建造方法。

图7.3　铺作的细节，参考李诫《营造法式》（1103）中的施工详图，墨尔本大学，澳大利亚

李诫在书中列出多种复杂的木工接头，这些接头在潮湿的情况下能扩张，但当部件干燥、收缩则处于锁定状态；图示列出了用于支撑重屋面的带支架的复杂屋顶框架系统，以及如何放置托梁以形成渐变的扁平角度，这造就了中国传统的斜面屋顶轮廓，它可以缓解雨水的流速，并使雨水远离地基，有助于在多雨的气候保护木制结构建筑。

★ 硬土：砌体建筑

在中国，稳健的木制框架支撑的屋顶上覆盖着陶（"陶土"）瓦片。生产陶土、陶器、砖的技术都是相通的。如果一个地区的泥浆中含有粘土，可把它放在高温窑烧制。烧制过程需要大量的燃料，但能生产出比泥砖或木头更坚固、防火、耐用的砖。

烧制砖能通过粘结砂浆嵌入结构单元，常用的粘结砂浆由石灰、砂和水构成。这种复合系统使砖能更灵活的应用于设计中，尤其是对批量生产、具标准形状和大小的砖来说，砂浆是可塑的。通过塑造砂浆层的形状，建造者可用横平竖直的砖块打造弯曲的拱门，或者圣索菲亚大教堂（图 1.11）那样的全砖穹顶。

尽管砖有许多优点，但还有另一种更有名的建筑砌体：石头。石材施工需要能方便地获取石材，石材的供应往往受地理条件的限制，再加上开采工艺以及采石、运输和制形所需的资源。因此它标志着一个高水平的文明组织。事实上，当欧洲考古学家在非洲南部发现一座巨大的石头城和皇宫遗址时，他们拒绝相信它们是当地人建造的。他们错误地认为，非洲文化从来就没有"文明"到足以用精确切割的石材建造一个结构的地步。

所有证据都显示，近一千多年前开始的大津巴布韦遗址的确是由当地人的祖先建造的。现代的津巴布韦是根据此处命名的，该名字在当地的方言中的意思类似于"石头房子"。这种直接参考石头建筑遗址命名的作法表明了当地人民的自豪感以及他们过去的辉煌历史。

图 7.4 大津巴布韦遗址，马斯温戈附近，津巴布韦，始于 11 世纪

世界上现存的最古老的全石材大型结构也在非洲，位于萨卡拉（Saqquara）的阶梯金字塔，其历史比巨石阵还久（图1.3和4.1），其阶梯式造型使建筑能自然的利用石材的抗压强度。但是，用不能跨越大跨度的石灰石块打造内部空间是有难度的。希腊石庙既是公众瞻仰的对象，其内部空间也为神的居所。石庙未采用台阶式，他们把石头通过连梁柱搭成框架（图1.4和图5.3）。在运输用的石块上部，用绞辘把石块吊起来以建造石柱和檐部。

帕提农神庙的柱高34英尺（11米），由多段圆柱形的鼓状石块组成，中间用青铜销固定在一起。檐部是由一个系列石块组成，每块横跨两根石柱，用金属夹钳或横向连接器固定。大理石山形墙背后的人字形屋顶是用木桁架建造的。大多数希腊神庙的屋顶都有陶土瓦片覆盖，但在帕提农神庙，屋顶都使用石头雕刻的石瓦，其用材与建筑的其他部分相同，均采自10英里（16千米）以外的彭忒利科斯山（Pentelikus）。整座寺庙被晶莹洁白的大理石所包围，即使从远处也能感觉到狂欢的气氛。

★ 液态石：混凝土

位于佛罗伦萨的布鲁乃列斯基设计的众多砖石穹顶表明，虽然需花费巨大的人力，但即使是巨大的内饰也可以加到单元性砌块（见图4.5）内。布鲁乃列斯基的穹顶当然是受1 300年前的一个罗马圆顶启发而建的，它就是直径142英尺（43米）的万神庙（Pantheon）。万神庙的规模与佛罗伦萨的八角形圆顶相似。但如果布鲁乃列斯基知道它是如何建成的，他可能会放弃自己的想法。

万神庙的圆顶使用的是一种15世纪还未出现的材料：混凝土。罗马人在维苏威火山（Vesuvius）附件发现了一种叫火山灰的沉积物，该火山正是摧毁庞贝古城的火山。维特鲁威在撰写他的《建筑十书》时，建筑工人已经在试用这种天然的水泥，它可以在水下硬化。他们很快学会了用各种形状的木模板制作人造石。干材料是由水泥、石灰、砂石混合在一起的，然后用运输非常方便的罗马渡槽运输，并可在现

图 7.5 万神庙内景，罗马，117—125

场与水直接混合。公元 2 世纪早期，罗马建筑商已采用混凝土为公共建筑建造巨大的拱形内饰。他们在混凝土表面贴上砖或金字塔状的小石头，打造出一个平滑的表面，之后通常是抹灰和着色，一般是模仿万神庙那样的公共建筑，其内部布满了色彩丰富的切割石质"饰面"，这种风格风靡全国。

由此产生的空间也令人赞叹。他们还把罗马建筑的可见外表与支撑结构分离开来，与帕提农神庙的立体大理石柱墙完全不同，后者通过其可见造型就能了解它得建造过程。事实上，维特鲁威认为多立克神庙的装饰语汇就是一部结构史。第一座希腊神庙的圣殿是木制的，用树干打造的造型。在柱上的开槽让人联想到木材的纵纹，而复杂的"三联浅槽饰"和"滴状饰"则让人想起圣殿的屋顶托梁。

如果是这样，古典主义就可以解释自己的结构和历史了，古老的木制原型变得更加凝重，永恒的石庙保留了记忆源头的细节。了解建筑艺术的起点有助于解释其意义。

★ 原始小屋和结构真相

许多欧洲启蒙思想家认为原始的开端能揭示事实的本质。例如，18 世纪哲学家让·雅克·卢梭（Jean-Jacques Rousseau）就把"前文明"的"自然状态"作为更加人道社会的模型。卢梭挑衅性的著作通过他的一位读者马克·安托万·洛吉耶（Marc-Antoine Laugier）影响到建筑界。洛吉耶是一位法国耶稣会神父和历史学家，对文化直言不讳的批评使他丢了原来在巴黎的工作，成为一名本笃会修道院长。他 1753 年所著的颇受争议又被广泛阅读的《建筑随笔》，在法国知识界刻意煽动起了更多的论战。

洛吉耶并没有抵制当时在法国已根深蒂固的古典传统。但他认为对古典主义的理解存在根本性的错误，他重新以一个更有影响力的方式对其意义进行了解读。洛吉耶把维特鲁威关于古代木制神庙的记述与另一段关于人类如何成为建造者的描述结合在一起。维特鲁威提出，早期的木棚是在较长过程（从火到用石头建筑）中的一个阶段，在这个较长过程中技术带来了文明。同样的，洛吉耶描述了早期人类是如何依靠各种素材建立安身之处，并最终用树木和树枝建造森林棚屋的。这些棚屋是古典神庙的雏形，其中树干像柱子，水平原木像檐部，挡雨的倾斜树枝像人字形屋顶。

但洛吉耶认为这种"原始棚屋"并不是引发后续演变的最初版本。他认为这种古老的形式是代表建筑理想的权威典范。他坚持认为，小屋独立的柱子、水平的檐部和三角墙是唯一正宗的古典元素。它们是有效的，因为它们作垂直支撑、跨越元素和屋

图7.6　原始棚屋，《建筑随笔》卷首插图，马克·安托万·洛吉耶，1753

顶，实现了房屋的结构功能。洛吉耶认为建筑的设计必须能解释它是如何站立起来的。

这一立场与当代的设计实践以及根深蒂固的古典主义观念是相矛盾的。阿尔贝蒂曾指出古典柱式是从结构功能中分离出来的"装饰"。古罗马例子也显示是用混凝土墙和拱顶提供支撑，而柱、壁柱和山形墙均为点缀，但洛吉耶认为阿尔贝蒂、维特鲁威，甚至罗马建造者都是错误的，使用无结构功能的元素或者背离建筑逻辑就是错误，无论这种方式在古代还是当代多么受欢迎。

洛吉耶提到有些建筑元素和做法是"错误的",他认为壁柱和附墙柱是"不自然的",因为它们是附着到结构墙上的。任何可以被移除且不损害建筑物稳定性的构造都是装饰物,柱子应该是独立的直圆柱体,无任何扭曲或突起(原始),额外的材料会造成浪费,作用只是供观赏性而无支撑功能。檐部必须为直的实心梁,跨越开口并支撑屋顶,并且只在人字形屋顶末端建造山形墙。

在洛吉耶的时代,法国最负盛名的建筑师所设计的著名建筑物大量使用经典元素作装饰,洛吉耶认为他们的方式都是错误的,他认为这些建筑师的目的是制造丰富的视觉效果,而不是解读建筑的逻辑性。法国南部的古罗马方形神殿(图5.5)是为数不多得到洛吉耶赞赏的建筑。它的柱廊均为直的独立圆柱体,用于负重,檐部为直梁,山形墙位于屋顶的两端。后部的附墙柱(他机智地忽视了它们)是个遗憾,但其余的部分在他看来是正常合理的。

一个没有建筑经验的传教士怎么敢批评整个行业?洛吉耶汲取了笛卡尔的理念,那就是真理不是来自像维特鲁威这样的权威、古建筑或著名的建筑师,而是来自理性分析。他还坚持认为符合结构逻辑的建筑造型是"诚实的",否则就是"欺骗"。洛吉耶认为从道义上讲建筑物更应该诚实。违反结构真理的设计不仅仅是糟糕的设计,在道德上也是错误的。洛吉耶的文章简直就是一篇布道文。

★ 诚实、材料和风格

另一位18世纪的神职人员、建筑评论家卡洛·洛多利(Carlo Lodoli)是一位威尼斯的贵族,同时是方济会神父。他同时还是数学家和教育家,他的学生发现了他对建筑的观点如此与众不同,以至于在他去世后出版了他的观点。像洛吉耶一样,洛多利认为建筑应该是理性的,设计应遵循结构逻辑。他对维特鲁威关于如何将木制神庙转化为石制建筑的描述也非常感兴趣。但对他来说,这个故事却证明了古典主义是不合理的。

洛多利非常认同材料、结构和设计之间的自然关系。建筑材料的选择应该相应的影响到创建的造型，如石头建造实心桩、木头制成框架、砖建造拱门。否则的话，建筑就与自身的物理倾向相冲突。按照这个逻辑，把木屋"转换"成石头圣殿并同时保留了原造型是错误的。当材料发生变化时，建筑设计也应该相应的变化。因此，如果古典主义是起源于石头替换木材，则它是一种不自然的设计方式。洛吉耶在古典主义中至少还发现了诚实的核心，而洛多利则认为整个古典主义系统都是不诚实的。

虽然洛吉耶和洛多利关于古典主义的正确性的看法不同，但二者均认为建筑的构造逻辑决定了它的造型，我们称之为"结构理性主义"。建筑物应展示其物理结构这一观念对现代社会产生了巨大的影响，在现代，建造的新方式使技术与设计的关系已成为一个核心问题。

★ 维欧勒·勒·杜克：哥特式的智慧

新的结构和风格再加上浪漫主义美学（第五章）使得 19 世纪的部分欧洲人对中世纪建筑更具鉴赏力，其中之一就是维欧勒·勒·杜克（1814—1879 年），他生长在巴黎的超凡的艺术之家，生活圈接触的都是艺术家、知识分子和包括小说家维克多·雨果（Victor Hugo）在内的作家。雨果在其名著《巴黎圣母院》（1831 年）中称赞中世纪教堂是法国传统和文化的化身。

雨果激起了年轻的维欧勒·勒·杜克学习建筑的热情，但他拒绝加入巴黎高等美术学院，他在 17 岁就称学院是"建筑师制造厂"。维欧勒·勒·杜克未去接受专业训练，而是通过参观中世纪建筑学习，其中许多建筑在法国大革命时期受损，情况危急。1834 年法国政府设立了一个办事处负责保护这些建筑，但合适的人选却很少。维欧勒·勒·杜克所接受的非常规教育和他对建筑的兴趣使他在 26 岁时被任命修复位于维泽莱（Vezelay）的玛德兰教堂（La Madeleine），该教堂已有 800 年的历史。从此他在修复建筑中度过自己的职业生涯，同时收获对中世纪石建筑的深刻认知。

维泽莱的罗曼式（Romanesque）内饰均为立体造型和表面，其

60 英尺高的中殿由圆形石拱架起。这种独立的"交叉拱"是由两个"桶形"（半圆柱形）拱顶相交成直角构成的。每对拱顶侧面相交形成一个称为"跨间"的单元。每次建造一个跨间，要从地面直到顶部。石匠们完成一个再移位建造下一个。

哥特式建筑改良了这种交叉拱，在相交处采用更厚的石拱（"肋"）以形成支撑框架（图 1.12）。"肋拱"提供了一个更好的骨架结构，再加上尖拱，使得建筑可以开巨大的窗口并有更高的内部空间。最高的哥特式拱顶位于博韦（Beauvais）大教堂的唱诗班位置，高达 157 英尺（479 米）。但是，太高的话会增加风荷载。建造者放弃采用较厚的墙壁和拱肋加固，而采用"飞扶壁"，它可以帮助把负荷转移到外墙的垂直墩上。这既增加了稳定性，又可以使日光仍可以进入内部。

图 7.7　维欧勒·勒·杜克，亚眠大教堂结构体体系，《法国 11—16 世纪建筑词典》，1854—1868

在分析和修复的过程中，维欧勒·勒·杜克深深地为哥特式建筑所着迷，他崇尚它们的美感以及精神力量，尤其是系统的灵活性和效率。建造者们用石头封闭出巨大、高耸的空间，在比例上达到了罗马人的要求。他非常推崇哥特式建筑的理性主义，它使其可见特征和结构支撑达到了良好的统一。典型的内部拱肋顺应从屋顶到地面的力线。拱肋聚集成束柱延伸到整个支墩表面。哥特式设计说明了石骨架的结构的本质。

维欧勒·勒·杜克撰写了数十篇文章和书籍宣扬中世纪的设计。但他也有思考哥特式建筑会给同时期建筑师带来哪些经验，如果有大规模生产的丰富廉价的铁，哥特式建筑会怎么做？维欧勒·勒·杜克确信他们一定会开发出其令人难以置信的效率，以最少的材料创造辉煌的内部空间。他构思一种复合体系，内有轻质砌体拱顶、铸铁支柱和锻铁系杆——哥特式结构的现代应用。

★ 伯特赫尔：皮肤与骨骼

洛吉耶、洛多利和维欧勒·勒·杜克对技术与造型之间关系的兴趣在柏林的一座普鲁士建筑学院里也可以见到，该学院模仿法国工程学院而非美术学院，同时强调结构和历史。教授卡尔·伯特赫尔（Karl Bötticher）对希腊和哥特式建筑都进行了研究，他认为二者通过不同的方法进化到石制建筑，希腊神庙平衡的垂直和水平构造由"梁式结构"（梁柱）演变而来。哥特式用拱门和拱顶表达的是"拱形结构"。但两者绝非简单表达纯粹构造的不成熟结构。希腊式建筑和哥特式建筑在视觉和结构上的和谐性均值得借鉴。

洛吉耶和洛多利均表示诚实的建筑应不加掩饰的向人们揭示其结构。但伯特赫尔观察到大多数建筑物，就像人体一样，需要不同的系统作为构架和外壳。手上的皮肤保护骨骼、肌肉和血液，具有其自身的特点（褶皱、指甲和毛发）。但它也表现了皮肤下的结构，我们可以感觉到分开的手指骨骼、手掌垫上的肌肉、圆的指关节、大隐静脉和肌腱。作为包膜皮肤有自身的特性，同时也揭示了更深层次的真相。

对于伯特赫尔而言，这体现了外表应表达内在结构的良好设计。像洛吉耶一样，伯特赫尔从道德角度看到了这种关系，"不诚实"的建筑外表就像一个骗人的伪装，如托马斯·沃尔特的美国国会大厦穹顶（图4.11）。它的铸铁结构核心具有防火、轻质、牢固、造价低廉的特点，但这些全部隐藏于内部穹顶的格子外壳和柱廊式外穹顶之间。而这是实体砌块时代，而非工业时代的建筑所拥有的特点。

根据这一逻辑，任何需要新表现风格、新造型的新结构系统只能通过新结构开发实现。19世纪40年代，伯特赫尔认为钢铁为开发真正的现代设计语言提供了机会。现代结构和建筑风格应该是共同发展的。几十年后，一些意义深远的结构和造型发展便出现在大西洋彼岸。

★ 摩天大楼，高度与风格

19世纪末，芝加哥和纽约对商业办公空间的需求呈现爆炸式增长，但城区的面积有限，随着如电梯这样的技术的发展，允许建造最初的七或八层摩天大楼。它们的成功催生了更高的建筑，先是用铁框架，之后是钢框架。摩天大楼的建筑师通常是在美术学院式的体系受训，他们改良各种历史风格并把它包围在金属结构外面，这种做法是洛多利、维欧勒·勒·杜克、伯特赫尔绝对不乐意看到的断裂。

当经过美术训练的波士顿建筑师亨利·霍布森·理查森（Henry Hobson Richardson）为芝加哥马歇尔·菲尔德批发商店（Marshall Fields）设计一座八层摩天大楼（1885—1887年）时，他运用了最喜爱的中世纪早期风格。这座建筑用作批发商场，零售商来此批发然后进行售卖，而不是公众消费所去的优雅的零售商店。理查森在建筑外面使用重型粗犷的石头，没有细节装饰，只是在普通的石块加上窗口上面的拱形装饰。路易斯·沙利文，也就是发现米开朗基罗的西斯廷教堂比学院派（见第六章）更具指导性的一位芝加哥建筑师，非常推崇理查森的建筑，认为其石头外表为金属框架提供了庄严的公共覆层，而且还表达出了外表下堆叠的水平层。沙利文认为这是一种包装金属框架的诚实做法。

沙利文 1896 年的论文《高层办公大楼在艺术方面的考虑》敦促建筑师要表达出摩天大楼的本质。他认为摩天大楼的潜在美感应来自于其最独特的品质：高度。摩天大楼"高度的每一寸必须充满力量和升华的东西"，并通过设计来赞美高度[1]。它的外观应能说明内部的结构框架、层状结构和功能区。在文中包含了沙利文最有名一句引证"形式总是追随功能"[2]。虽然这个说法早就有之（见第八章），但当沙利文把它与这种完全现代化的建筑类型联系在一起时，它成了一个转折点。

图 7.8 路易斯·沙利文，担保大厦，布法罗，纽约，1896

理查森的摩天大楼外墙是立于地面的承重砌体，在结构上与内部框架是分开的。但在沙利文时代，大部分摩天大楼都是采用挂在框架上的轻质涂覆系统，如他的担保大厦（Guaranty Building）就大量使用陶饰。结构和外表的分离为思考建筑皮肤和骨骼之间的关系提供了新空间。

★ 玻璃塔楼

虽然欧洲大部分城市直到 20 世纪 50 年代还禁止建造摩天大楼，

---

[1] Louis Sullivan, "The Tall Office Building, Artistically Considered," *Lippincott's Magazine* 57 (March 1896): 406.

[2] Ibid., p408.

维也纳建筑师奥托·瓦格纳（Otto Wagner）在 1896 年，也是沙利文发表文章的同年，发表了《论现代建筑》，文中他也思考了结构如何影响设计的问题。瓦格纳把建筑方法分为两类。他把承重砌体称为"文艺复兴时期建筑"在"现代建筑"中的应用，框架作为结构，贴在外部的薄板提供外壳，这是经典的摩天大楼系统。

瓦格纳希望阐明什么使建筑具有现代感，像沙利文一样，他专注于开发可使用一段时间的新颖装饰风格，瓦格纳的"文身"建筑属于被阿道夫·卢斯攻击的一类（见第六章），但他最终决定建筑的现代性就要表达这种框架和维护结构系统。许多作品，像他的维也纳邮政储蓄银行，就展示了外部的石面板是如何用螺栓固定到支撑框架上的，螺栓头都镀了金，用于捕捉阳光，入口处的穿篷用大型螺栓似的细长柱支撑。

建筑内部是银行大厅的框架结构和可透光的穿顶，用简单的支墩和支撑物支撑，内嵌玻璃面板，再也没有比这更有效果的非结构外层了。玻璃和铁一样都是古老的材料，早期的玻璃均为手工制作，尺寸不大，直到工业化生产才有了大型廉价玻璃的量化生产。框架结构内嵌玻璃通常用在气象防护和采光充足同等重要的情况下，如厂房、温室、购物长廊和列车棚等。但是，实现这样一个完全透明的建筑的确是激进且鼓舞人心的。

另一种解放现代科技的进步发展是混凝土。1842 年英国发明人工水泥后，工程师们在实践中学会用金属条和网加固形成"钢筋混凝土"，这意味可以用罗马人想象不到的方法使用混凝土。勒·柯布西耶在其多米诺住宅图（图 6.9）中曾描述过薄混凝土板，它们依靠强大的金属加固可以"浮"在支撑点上。没有这种加固的话柱子会刺穿平板而无法成功。

虽然这不是建造这样一个系统最有效的方式，但多米诺住宅确实表达了现代建筑技术所能提供的设计自由。通过把负载集中于平板和长柱上，建筑可采用任何覆层包裹（图 6.10），甚至是玻璃。把它们堆叠的更高一点的话就是密斯·凡·德·罗关于完全透明塔楼的设想（图 6.10）。要实现可以建造的宜居型大型全玻璃塔楼还需借助其他技术手段，如空调、荧光照明和镀膜玻璃。而且，正如约翰·汉考克大厦显示的那样，即使是简单的建筑模式也可能会带来巨大的结构挑战。

★ 激进的技术

对一位评论家来讲，后二战时期的玻璃塔楼实现了 20 世纪 20 年代人们认为激动人心的新建筑技术，但到 20 世纪 50 年代，则成为传统和裹足不前的技术。英国建筑历史学家瑞纳·班汉姆（Revner Banham）战时专修航空工程学，后师从尼古拉斯·佩夫斯纳（Nikolaus Pevsner）取得博士学位（"林肯大教堂与自行车棚"，见前言），他通过技术学的镜头看待现代建筑史，其论文《第一机器时代的理论与设计》（1960 年）通过新的侧重点论述了现代主义的发展史。

毫无疑问，施工方法的改变有助于创造现代建筑。不过，班汉姆认为新的建筑技术不仅仅是影响因素，而是现代主义建筑的精髓。要保持这门学科的"现代化"，不能只满足于发现时代精神（不论那是如何实现的）。他认为现代建筑师需持续关注技术的变革，并追求最激进的方式改变学科的可能性。

班汉姆眼中的英雄之一是工程界和设计界的革命者巴克敏斯特·富勒（Buck-Minster Fuller），他因普及网格穹顶设计而闻名。勒·柯布西耶在其《走向新建筑》曾将这类房子描述为"可以居住的机器"，但他在 20 世纪 20 年代的别墅设计并未如富勒的马西昂住宅（Dymaxion）那样体现这一口号，马西昂住宅是富勒 1929 年初次提出的，即使在今天看来，这个设计仍然是非常激进的：铝质屋体浮在一根圆柱形的基柱（也是公用设备的导管）上。该设计首次推出时，人们认为它只可能出现在科幻小说中。富勒认为房子确实应该设计成与飞机或汽车类似的结构，采用非常规建材，实现最大效益。

富勒的许多想法从未实现，他漫长的职业生涯中大部分时间都徘徊在建筑主流之外。但班汉姆非常钦佩富勒通过技术挑战设计设想的执着，并提出了自己关于美国房屋的极端建议。他 1965 年的一篇文章《家不是一座房子》中提到，美国房屋的本质是机械产生的舒适这

图 7.9 富勒，马西昂住宅，1929

一前沿理念。传统的郊区住宅就是一台真正的机器：墙板和石膏板就是机器的基础设施，如电线、管道；大窗户、门廊和必不可少的草坪把该机器和"自然"连接在一起。

　　班汉姆认为科内斯托加式的篷车（Conestoga wagon）和气流拖车（Airstream trailer）是适合美国生活的更正确的选择，有了它们你可以自由的横跨整个大陆。事实上，他认为理想的房子应该是一个可充气的塑料圆顶，或是可鼓出强风形成最小保护空间泡的高科技露营设备。他想象的棚屋应该（仅仅）在不阻碍自然景观的前提下去除不必要的元素，只需有一个便携式机器核心用于供热、烹饪和娱乐。当准备继续前进时，只需把这个核心装上车就可以出发。

　　班汉姆轻描淡写地撇开了像安全和隐私这类问题，但这种房屋肯定不是所有人理想的房屋。但他对自由、流动性以及技术激进应用的赞美却激发了许多建筑师去打破沉闷的常规，其中有一批人在伦敦成立了一系列图形杂志称为"建筑电讯派"。他们借鉴科幻小说和漫画书，采用图纸、蒙太奇和颠覆性的幽默手法推动建筑师们去思考新材料和新技术是如何挑战我们的建筑方式的。

如果房子可以是移动的高科技机器，为什么不建造一座能四处走动像巨大机器昆虫那样的城市，使所有人都可以享受城市文明呢？城市一直在变化、演变，但速度很慢，主要是因为政治、费用和传统的基础设施建设方式。如果新城市的设计利于变化会怎么样呢？建筑电讯派的插件式城市（Plug-in City）提出了一个固定的结构框架，内有公共设备和可更换的居住空间吊舱，该设计急切的展望了当代技术过时后建筑可能引入的新一代的发展。

这种未来派的大型、高技设计理念似乎是不可能实现的，但20世纪60年代和70年代美国和苏联的太空计划为未来派工程建筑带来了现实希望，并娱乐了大众。太空旅行用到的高耸的火箭发射台台架以及便携式生命维持结构成为"诚实"现代设计的启发性元素。它们表明人类可以生活在极小的金属容器以及移动的模块化城市中（如国际空间站）。许多建筑师仍将继续致力于探索如何利用新技术重新定义建筑。

但是，这一定是人们想从建筑中得到的吗？建筑师的目光可以只关注在结构和未来吗？重力之外有没有其他力量能把建筑固定在地面，而不是让它们在太空中自由漂浮？

拓展阅读

1. Banham, P. Reyner. "A Home Is Not a House." *Art in America* (April 1965): 109−118.

2. _____. *Theory and Design in the Frist Machine Age*. New York: Praeger, 1960.

3. Conrads, Ulrich. *Programs and Manifestoes on 20th Century Architecture*. Trans. M. Bullock. Cambridge, MA: MIT Press, 1970.

4. Frampton, Kenneth. *Modern Architecture: A Critical History*. Fourth edition. London: Thames & Hudson, 2007.

5. Guo, Qinghua. "Yingzao Fashi: Twelfth-Century Chinese Building Manual." *Architectural History* 41(1998): 1-13.

6. Hearn, Millard Fil. *Ideas That Shaped Buildings*. Cambridge, MA: MIT Press, 2003.

7. Lambert, Phyllis, ed. *Mies in America.* Montreal: Canadian Centre for Architecture, 2001.

8. Laugier, Marc-Antoine. *Essay on Architecture.* Trans. W. And A. Herrmann. Los Angeles: Hennessey & Ingalls, 1977 (1753).

9. Le Corbusier. *Toward an Arctlitecture. Trans.* J. Goodman. Los Angeles: Getty Research Institute, 2007 (1923).

10. Levy, Matthys and Mario Salvadori. *Why Buildings Fall Down.* New York: W. W. Norton, 1987.

11. Riley, Terrence and Barry Bergdoll, eds. *Mies in Berlin.* New York: Museum of Modern Art.

12. Sullivan, Louis. "The Tall Office Building, Artistically Considered." *Lippincott's Magazine* 57 (March 1896): 403−409.

13. Viollet-le-Duc, Eugène-Emmanuel. *Discourses on Architecture.* Trans. B. Bucknall. New York: Dover, 1987 (1872).

14. Wagner, Otto. *Modern Architecture: A Guidebook for His Students to This Field of Art.* Trans. H. F. Mallgrave. Santa Monica, CA: Getty Center, 1988 (1896).

第八章
记忆与身份

2013 年，173 000 人被允许进入平时不对外开放的日本伊势神宫（Ise）的内宫。伊势神宫是"神道教"的圣地，信奉太阳女神天照；神道教是日本本土的宗教，崇拜祖先和自然的力量。内宫围墙内有三个伊势最神圣的神殿，均由柏木建造，屋顶上铺着芦苇茅草。只有祭司可以进入围墙内的圣殿，但每二十年中有两个月允许全国各地选定的信徒从神圣的五十铃河拿一块白石。

2013 年的仪式是第六十二次"迁宫"，原圣殿每二十年要完全地重建一次，该传统始于 690 年。为期十七年的重建过程从收获数百年前种植的柏木开始，收获的木材晒干用手工打造，不使用钉子。虽然木结构建筑可以持续数世纪，但是伊势神宫信奉材料自然腐烂的趋势。神殿是完美且神圣的，并不是因为使用经久耐用的石材，而是因为定期给女神重建一座崭新的庙宇。

重建过程之所以可以实施是因为内宫神殿由并排的两部分组成，天照女神的"圣镜"可以从一部分转移至另一部分进行，整个重建过程以"圣镜"从旧神殿迁到新神殿后"迁宫"结束。六个月后，旧神殿被拆除，拆下的木头成为神圣的遗物。因此伊势神宫既是超过 1 300 岁，又总是小于 20 岁。它的设计和施工技术经由历代建造者相传，虽然古老，但使用的材料却永远年轻。

伊势神宫使用的材料和传统将它与特定的地点联系在一起，称为"场所精神"（genius loci），其拉丁语意是"地方的精神"，它是群体的仪式，体现了他们的神圣感、时间观和传承观，使人联想到戈特洛布·黑格尔的"民族精神"概念，即民族或文化的精神。

伊势神宫的大祭司必须是皇室成员（日本国旗上的图案是太阳，现为红色的圆），因为只有日本、日本人和他们的政治才能使神宫得以存在。

图 8.1　伊势神宫神殿，日本，690（2013 年完成第六十二次重建）

★ 任何地方，或仅在这里

建筑可以传达建造者和建筑地的信息，如同设计可以解释结构。但这似乎与某些传遍各国和各大洲的传统相矛盾，如欧洲古典主义与现代主义。维特鲁威认为古希腊式建筑表达了关于身体、宇宙和构造学的普遍真理，这意味着它可以为任何人、任何地方所采用。但希腊建造者并没有打算发明一种全球性风格，他们的建筑只是利用当地的传统和资源满足自己当时的需要。

尽管文艺复兴时期的作者强调理想比例和完美造型，但是他们对古建筑风格的复兴同样具有地方性和文化性。阿尔伯蒂为佛罗伦萨一座教堂打造的立面采用了和谐的几何形式和比例，再配以柱、半圆拱、三角形山墙等古典元素，效果与附近11世纪佛罗伦萨大教堂前的洗礼堂以及城外的修道院教堂圣米尼亚托大殿相似。它们的外表风格相近，均采用当地的白色、粉色和绿色大理石；立体的平直墙上配有排列规律的半圆拱；都有简单的几何图形和屋顶结构。早期的结构与阿尔伯蒂的混合立面一样古典。

法国数世纪的影响力将哥特式风格传播到意大利，圣塔玛莉亚·诺维拉（S. Maria Novella）立面上的尖拱就是一个例子，该造型是阿尔伯蒂方案的一部分。但在意大利，哥特式很少表现出在北部看到的通透性与垂直度。意大利对实体墙、简单几何图形、和谐比例的持久偏爱表明古典主义更适合意大利的民族精神。文艺复兴之所以成功的原因之一便是它发扬了本土的建筑形式。新的建筑早已在意大利扎根。

即使在古代，维特鲁威决定把过时的本土托斯卡纳式融入舶来的多立克式、爱奥尼亚式和科林斯式时，他想表达的意思是意大利式和希腊传统是关联的。当文艺复兴作家塞里奥和帕拉第奥把包括两种意大利本地柱式（托斯卡纳式、后罗马复合式）的五"柱式"编成法典时，他们相信古典主义的普遍性，但古典主义五分之二的词汇是"意大利"的，维护了文化所有权。法国第一位撰写探讨柱式文章的建筑师是菲利贝尔·德洛姆（Philibert de l'Orme），他发明了一种"法式"柱式，因为其造型怪异，从未被采用过。那种认为一种风格可适用于全球和特定地点的想法虽然很有吸引力，但难以实现。

★ 有归属的建筑物

19世纪初哲学家和数学家海因里希·许布施（Heinrich Hübsch）也探讨过这个问题。许布施在意大利和希腊游学了四年钻研建筑，他非常欣赏当地的古代建筑。但他认为古典建筑虽然是当时、当地和当地人的理想建筑，但不应被重复使用。他辩称风格不应跨地域和跨文化复制，它只是因地制宜地满足当时的需求。他对 1828 年一篇标题为《我们应该建造什么风格的建筑？》的文章做出了回答："自己的风格。"

但我们如何创造"自己的"建筑风格呢？许多作者认为风格应该从建筑材料和方法中演变（见第七章）。虽然这和地理和文化毫不相干，但建筑师格特弗里德·森佩尔（Gottfried Semper）认为文化、技术和审美是直接相关的。人们发明了不同的制造方法，这些方法反过来塑造造型和风格。

森佩尔认为人类历史有四种基本技术：火制造陶瓷和砖，陶瓷和砖耐火可建造壁炉；泥土和石头可做成土墩或房基；木材可以制成框架和屋顶用于避雨；纤维可织成弹性的编织表面用于防风。森佩尔相信特定的人群会利用现有资源把四种方式融合于建筑中，如果没有黏土，人们永远不可能制造陶瓷，但却有可能造出样式繁杂的精致篮子和纺织品。他们制造产品的造型表明了他们的身份和地理位置。

森佩尔在伦敦居住了几年，在那里他为 1851 年在水晶宫举行的首届世界博览会修建了展品。水晶宫是海德公园内的一座玻璃和钢铁的建筑。在那里，他看到了特立尼达（Trinidad）的加勒比岛（Caribbean）的一座传统房子，它用木杆撑起轻质屋顶，用编织物作墙，中央有一个陶制的炉缸，这是对他最近的建筑来源于不同技术理论的完美呼应。森佩尔对制作方式的演变尤其感兴趣，他认为新资源或不断发展的技术将会改变技术的使用方式以及技术所产生的造型。因此任何建筑都是一张多维的文化快照，它传达了是"谁"、"在哪里"以及"如何建造建筑"的信息。建筑提供了其建造者关于世界的画像。

正如森佩尔意识到的那样，世界是动态的。但是，现代快速传播的新技术带来了全球一体化的问题，这对建筑师建造具有文化特色建筑的能力提出了挑战。正如 20 世纪的埃及建筑师哈桑·法赛（Hassan Fathy）观察到的那样，二战之后玻璃、钢铁和混凝土建筑在精英阶层日益普及，他谴责在埃及建造玻璃建筑是荒谬的做法，因为这种建筑需要大量空调才适宜居住。进口材料、机械系统的费用以及能源浪费

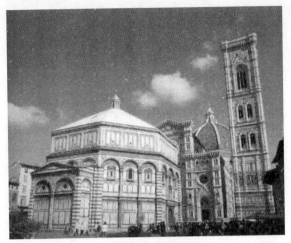

图 8.2　莱昂·巴蒂斯塔·阿尔贝蒂，圣塔玛莉亚·诺维拉教堂立面，佛罗伦萨 1456—1470；圣米尼亚托大殿，佛罗伦萨，建于 1013 年

都成为建筑的负担，使得这种建筑形式成为炫耀性消费，只有最富有的埃及人才能拥有。

他清楚地知道人类在尼罗河流域生活了5 000多年的历史中内根本没有空调，只是通过智慧地利用当地的气候和资源降温。法赛尝试了埃及最古老的传统：用泥砖来建造房屋的方法。传统的技术和造型厚重坚实的墙壁、蔽日而且朝向谨慎的开口，以及高高的屋顶可以实现用最少的成本提供自然通风的舒适环境。法赛负责的项目之一是为卢克索（Luxor）城外无法负担工业原料房子的贫困社区建造新村庄。法赛还认为，古老造型和材料有助于建造让居住者有归属感的房子，因为它与他们的土地、传统和文化脉络紧紧相连。

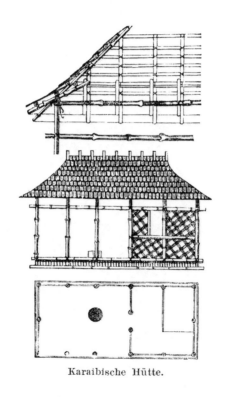

Karaibische Hütte.

图8.3　戈特弗里德·森佩尔，特立尼达房屋图纸，1863，
来自《技术与实践美学的风格》，1878

图 8.4 哈桑·法赛，高纳新村，埃及，1947—1953

★ 过往，诗歌，现象学

　　法赛在埃及的项目留下了丰富的遗产，但认为建筑应该传递地理信息和经历的论点来源于一个非常有影响力的哲学观点。虽然笛卡尔将知识的基础完全归于头脑，其他人（最著名的是亚里士多德）则认为知识是通过物质世界的经验获得的，这称为"经验主义"。经验主义者确信客观真理是通过观察引发现代科学的物质现象来实现的。启蒙哲学家约翰·洛克（John Locke）认为人类的心智最初在生活中是以"白板"的形式开始的。我们的大脑记录感觉，逐渐"书写"我们的所见、所触、所嗅、所尝和所闻形成对世界的理解。

建筑的许多评价都是基于抽象评价进行的，也即所谓的客观评价，如协调的比例。但浪漫主义的理念，如"崇高"（见第4章）揭示了建筑非理性和更感性的一面。作为哲学的一个分支，"现象学"研究了对这种形式的理解方式以及主观力量，例如意识和经验是如何塑造知识的。作为经验主义的传承者，现象学也思考我们是如何获得物质世界信息的：通过我们的身体和心灵。

观察事物的每个细节，比如观察一棵树，树身上存在着许多现象，如光线、造型、颜色、在风中沙沙作响的树叶、木材的气味、针叶或腐烂的树叶、粗糙或光滑的树皮、树荫下的凉爽程度等。我们吸收的信息取决于我们的感官，同一棵树色盲和非色盲看到的是不一样的。我们的个人经历和情感也会干扰我们对树的看法，熟悉或者是陌生，或是把它与积极或消极的记忆联系在一起。物质世界输入的信息都要经过感受、感觉和经验的过滤和修改。结果就是不同人眼中永远看不到相同的树。每个人都会构建一幅树的图片，这幅图片或多或少的与别人的不同，也不同于另一个时间它产生的形象。

现象学称，如果不考虑变化的主观因素，如个人、记忆、感情和梦对人们建筑经验的影响，就无法完整地解读建筑的意义。20世纪的哲学家马丁·海德格尔（Martin Heidegger）在著作中直接把"现象学"与建筑环境联系在一起。在研究"存在"的意义时，海德格尔强调"存在"必然是发生在某一地点、某一时刻。他1951年的文章《筑居思》指出在德语中"存在"和"建筑"有同一词根，意思是"居住"或占据一定的空间。"存在"与人类为生存创造的空间——建筑——密不可分。充分评估建设环境需要先了解建筑对人类的意义。

★ 开放或封闭

建筑界现象学的维度概念可通过一个简单例子说明，设计元素，如壁炉。英语短语像"家和壁炉"就把火所提供的物理温度和情感联系在一起。壁炉给人安全感，把人和家庭、社区联系在一起。即使不需要壁炉提供的热量，人们通常也喜欢在家里或酒店大堂内建造壁炉，因为它们传达了一种亲切和舒适的潜在信息。

包括弗兰克·劳埃·莱特和密斯·凡·德·罗在内的许多现代主义建筑师都在其激进主义建筑的显眼位置设计了壁炉，因为他们了解壁炉带给居住者的情感共鸣（图 5.14 和图 5.15）。密斯的范斯沃斯住宅中的客厅壁炉是与向四周景观完全开放的透明空间形成了强烈对比。密斯搬到美国后，用最小的结构框架实现最大的视觉开放度是他职业生涯晚期的工作主旨，这可以在他设计的房屋、办公楼和博物馆中看出。他的理想外墙是玻璃嵌板，这样看起来就像不存在一样。

图 8.5 菲利普·约翰逊，玻璃屋，康涅狄格州，新迦南，
1947—1949 年建设至今

菲利普·约翰逊（Philip Johnson）是一座类似的透明水晶大教堂的设计者（图 1.13），他的职业生涯从跟随密斯学习开始。1947 年，他在现代艺术博物馆展览中担任策划助理时看到了密斯的图纸，并在 1949 年为自己建造了一座周末度假用玻璃屋，该玻璃屋是受未完成的范斯沃斯住宅的直接启发而设计。两所房子都反映了将生活与自然完全融合的理想，像后来瑞纳·班汉姆设计的机器式气泡房子一样（见第七章）。

它们也证明了玻璃屋的现象学局限性。在这两个案例中，除了内部的浴室和壁炉实体造型，居住者的生活是完全暴露的，有些人可能会觉得这样很自由，但对于其他人来说，这样的房子不能满足居家建筑隐私和安全的两项最基本功能。频繁或彻底地曝光使居住者感到脆弱和焦虑。密斯玻璃房子的客户伊迪丝·范斯沃斯说她感觉自己像一只关在笼子里用来展览的动物。即使是约翰逊也很快发现他不能在自己的梦想房屋中安然入睡。

范斯沃斯卖掉了她的房子来解决这一问题，约翰逊在草坪对面建造了玻璃屋的孪生建筑，那就是实心砖建的"客房"。"客房"中内有洗衣房和电器设备。约翰逊把客房的卧室改造成了他自己的房间。他在一个洞穴状的封闭空间内睡觉，然后穿过草坪，在玻璃屋内享受自然。随着时间的推移，约翰逊还建了一个实体的图书馆和书房以控制景观（书桌上的松鼠经常分散他的注意力），以及一个存放他绘画收藏品的地下室。他发现透明房屋的开放性比封闭式空间更最令人愉快。

经过五十多年，约翰逊的乡村度假小屋从最初的二座发展到十座，每一座的设计都采用了他当时使用的最新方式。玻璃屋综合体生动地展示了透明家居的潜力和局限性，它的多样性也是约翰逊建筑及其作为建筑怪才漫长职业生涯的写照。

★ 描述一个民族

伊势神宫也可看作一副描绘日本的建筑肖像，它传达了许多与岛国古文化有关的价值观，包括对手工艺和传统的崇拜、社会等级的尊重、对完美的追求和对无常的信奉。但是，不论恰当与否，伊势神宫只是日本写照的一个方面。7 世纪末，也就伊势神宫第一次"迁宫"的时期，在日本出现了另一种不同的神殿——法隆寺（Hōryū-ji）（图 1.8）。

伊势神宫内突出的开放式框架和茅草屋顶都受到了日本南部其他太平洋岛屿的影响，表明了日本与亚洲沿海的关系。法隆寺则彰显了日本的佛教和宝塔造型是通过中国传到日本的这一重要影响。这些同一时期建造的结构表现了日本受海和台风影响的两面性，以及作为一个亚洲强国与陆地帝国——中国的交流。

不同的时代，人们有不同的偏好。20世纪初，伊势神宫受到了一定程度的冷落，人们认为它的文化招魂是"原始的"。但二战后，失败的痛苦、核灾难以及被外国占领均使得人们再度关注伊势神宫，并产生了新的联想：幸存的民族可以一次次地重建国家，他们崇尚美、传统、自然，最重要的是他们崇尚自己的土地。建筑通过遵循传统以表达民族形象的冲动是自然的、复杂的，它也提出了一个难题：应该遵循哪一种传统？

建筑可以像新石器时代的古墓那样把一群人与一个特定的地点联系起来。但是，游牧民族可能会占据一片广阔的区域，而非一个特定的地点，同时也有许多人离开家乡定居别处。文化是可以携带的，许多移民希望把他们的文化移植到新地区去。散布在意大利南部的多立克式神庙是希腊定居者殖民的痕迹（图5.3）。他们在新成立的城市中修建这种神庙，向其他人和自己宣告他们仍然是"希腊人"。

然而，移民必须在保留原有身份和新的现实环境之间做出妥协。成功的建筑必定要与现有资源和当地气候相适应。17世纪初，英国殖民者在现在马萨诸塞州（Massachusetts）的普利茅斯（Plymouth）定居下来，那时当地文化已形成了自己的建筑传统，其中之一是万帕诺亚格人（Wampanoag），在寒冷多雪的冬季，他们用木材和树皮修建带圆屋顶的椭圆形房屋以保持温暖；在热而潮湿的夏天，他们会建造用干芦苇覆盖、体积稍小且通风良好的房子以保持凉爽。

英国人可能借鉴了他们邻居不错的设计，但他们的房子是欧式的。棱柱状屋子外加方角和人字形屋顶，这将耗费更多的工时和材料，冬天需给更大的空间供暖，夏天更热一点，但那是以"房屋的唯一功能是提供住所"为前提的。但实际上房屋还要显示他们的身份，他们不是"原始"、"野蛮"的万帕诺亚格人，即使是在世界的另一端，他们仍是英国人。

★ 建设一个新国家

13 个英国殖民地在北美起义的 150 年之后，建立一个新的独立国家，此时身份表达变得更加复杂。新美国内部分裂成许多派别，只有一个极小的联邦政府把各州团结在一起。新国家的大部分人属于英格兰人，但还有大量的苏格兰 - 爱尔兰人、德国人、荷兰人和被奴役的西非人。他们信奉不同的宗教，有新英格兰清教、宾夕法尼亚贵格会教、马里兰州天主教和弗吉尼亚圣公会教。南北方之间存在着巨大的差异，北方的经济以贸易和制造业为主，南方的经济依赖于种植园。建筑如何能代表一个分歧如此之多的年轻国家？

费城的独立大厅是宾夕法尼亚殖民地立法机关所在地，它具有美国早期典型的公共建筑特色，建筑使用了当地制造的砖以及涂饰木材。虽然建造时也可以用石头，但由于价格昂贵得多且砖经济实用还能塑造庄严的感觉，而没有采用石头。其简单的体积上装饰有带爱奥尼式"齿饰"（如牙齿般）的白色檐口、砖壁柱；入口处的拱窗外加

图 8.6　旧州府 (独立大厅)，费城，1732—1753

两侧的矩形窗（塞里奥引入的风格）和塔楼中间高度处的山墙饰等古典主义的元素。

　　像英国定居者在普利茅斯的房屋那样，该类建筑也借鉴了与当地材料结合的欧洲模式，在本案例中一种名为"乔治亚"（Georgian）的帕拉第奥古典主义流行风格采用的策略与托马斯·杰弗逊在蒙蒂塞洛种植园（图2.7）类似，顶多是少了点学术派头。但杰弗逊也制定了一些关于新国家建筑的标准，并坚信改良英国风格有助于表达延续的归属感。大胆的政治实践应该有与其理想抱负相称的建筑。

　　杰弗逊作为美国第一任驻法大使，驻法期间（1784—1789年）经常与巴黎的主要建筑师进行交流，这些交流使他相信新国家的建筑灵感应该来源于古典主义而非现代主义。杰弗逊从未去过意大利或希腊，他唯一见过的古寺庙是法国南部当时人们认为它源于罗马共和国的方形神殿（Maison Carrée）（图5.5）。因为美国建国者的主要政治模式是参议院形式的代议制民主，美国的建筑师附和这一灵感看起来非常正常，杰弗逊的弗吉尼亚州议会大厦设计将方形神殿转化为能承担政府职能的实用处所，成了新共和国的象征。

图8.7　托马斯·杰弗逊，弗吉尼亚州议会大厦，里士满，1785—1796

★ 古典主义与批判主义

20世纪40年代，美国的官方建筑师都受到了杰弗逊的影响，杰弗逊认为古典主义是表达美国政治理想的最佳方式，他自己的纪念馆就是一座建在波托马克（Potomac）的白色万神庙。但是，杰弗逊的观点在应用过程中也遇到了一系列问题。总统官邸（现在的"白宫"，因为其多孔石需用白色涂料保护）是由爱尔兰建筑师杰姆斯·霍班（James Hoban）设计的，仿照的是文艺复兴时期的宫殿而非古神庙，因为前者比后者更实用，杰弗逊把方形神殿的内殿转化成可以安置政府办公室的宫殿非常成功。但霍班的设计还模仿了英国贵族近代的房屋。美国总统需要一座体面的房屋，但他应该生活得像个英国贵族吗？是否将他安置在一座神庙样的建筑中，让人们如崇拜雕像那样崇拜他更好？

美国国会大厦是联邦立法机构，最初是由一名医生威廉·松顿（William Thornton）设计。他也用最实用的旧式宫殿造型来安放国会办公室，国会大厦有两个对称的翼楼，里面分别为众议院和参议院，中间由一个低矮的、类似万神庙那样的圆顶（从未被建成）连接在一起。国会大厦由一系列建筑师建造，这一未完成的建筑在1812年的战争中几乎毁损殆尽。仅存的两根柱子的柱顶也被本杰明·拉特罗布（Benjamin Latrobe）进行了改造，地中海式的叶形装饰被北美本地的玉米装饰所替代，这一改变像菲利贝尔·德洛姆的"法国"柱式一样，使古典主义带上了明确的"美国"风格。

现在仍可在国会大厦看到松顿的建筑，在1851年托马斯·U·沃尔特（Thomsa U. Walter）开始扩建大厦时，原建筑以及最初的盔形圆顶[查尔斯·布尔芬奇（Charles Bulfinch）在重建时建造]已显得太小了。当美国西部"荒野"的许多地区逐渐成立州并有了自己的立法代表后，原有的大厦已无法容纳过多的代表。沃尔特新扩建的翼楼使得建筑长度增加为原来的两倍，巨大的新圆顶恢复了结构上的平衡，使国会大厦成为更显眼的地标，不论其铸铁内部构造还是古典皮肤的

图 8.8 美国国会大厦；最初由威廉·松顿设计，1792；查尔斯·布尔芬奇
重塑并加圆顶，1818—1826；托马斯·U·沃尔特扩建，1851—1868

组合有多么"不诚实"（见第七章），圆顶的规模和风格都表达这个国家远大的志向。这种内部和外部之间的分离甚至可能是对这个披着理想主义外衣却注重实用性、前瞻性的分离式国家的最佳表达。

最初，国会委托美国雕塑家霍雷肖·格里诺（Horatio Greenough）为华盛顿制作一副雕像，以放在布尔芬奇所建的圆顶之下。格里诺在1840年完成的大理石雕像把华盛顿刻画成赤裸上身的宙斯，他坐在宝座上，像演说家一样指向天空，又像和平使者那样交出剑柄。虽然把华盛顿刻画成神符合当时美国的建筑方法，但这与华盛顿本人谦逊的人格以及总统的政治角色相悖。这座雕像现在存放于美国历史博物馆内，从未被安置到预期的位置。具有讽刺意味的是，它的作者坚持认为美国不应该通过古典建筑来表达自己。

格里诺在1843年发表的文章《美国建筑》中大胆地反驳了杰弗逊本人，他认为美国建筑师不仅要拒绝英国模式，还要拒绝不论是现代或古代所有的旧世界建筑。他称美国有自己的景观、文化、自由和喜好。一个拥有新机构的新社会应该有一种新的建筑风格来表达其独特的个性。格里诺成功地唤醒了美国的造船设计行业。没有人认为高速帆船应该模仿古希腊的帆船，船舶的设计应该基于其功能，其成功与否也很容易评估：它能安全到达目的地，还是最后葬身海底？

格里诺辩称"形式应该追随功能"，五十年后沙利文将其观点延伸到摩天大楼上。作为一名雕塑家，他认为体形反映了皮肤下面的构造，无需装饰就能实现美感，这是良好设计的典范。他的论点和许布施（Hübsch）的观点、伯特赫尔的"皮肤和骨骼论"以及洛多利的"材料与形式不是偶然的"（见第七章）等观点类似。为了雕刻华盛顿雕像，格里诺在意大利生活了9年，期间接触到欧洲关于风格应与地理位置、技术、文化相联系的辩论。他感觉到这与他的祖国有关，但这些问题的出现是因为欧洲国家也同样面临类似的问题。

★ 旧国家，新民族

虽然欧洲国家定居已久并拥有古老的建筑传统，但在格里诺时代，关于建筑如何表达国家形象之争却未尘埃落定。就如日本那样，虽然拥有地理上的稳定性和古老的文化，但这些并不足以结束争论。许多欧洲国家的政局也是近代式的，1861 年前意大利是由多股势力统治的半岛国家，1867 年之前德国是由多股政治力量和宗教力量分别统治的国家。19 世纪初，毁灭性的入侵在德国掀起了一场统一运动，其中建筑也被作为一种手段。伯特赫尔、许布施和森佩尔的想法都源于针对"德国式"建筑的激烈辩论，在这场辩论中建筑师们一直在考虑什么样的风格可以促进政治团结。

图 8.9 利奥·冯·克伦泽，瓦尔哈拉神殿，雷根斯堡附近，德国，1830—1842

艺术史学家约翰·温克尔曼（John Winckelmann）对希腊艺术的推崇说服了部分德国人，使他们认为应该采用希腊古典主义。这其中包括巴伐利亚建筑师利奥·冯·克伦泽（Leo von Klenze），他建造了德国文化中众神的殿堂，瓦尔哈拉神殿（Walhalla）。该建筑俯瞰多瑙河，是对帕提农万神庙的复制，后来成为通往慕尼黑的通廊。但几十年前，评论家约翰·赫尔德（Johann Herder）就质问过为什么德国人要模仿罗马人或希腊人这些"外国人"。毕竟，德国拥有属于自己的悠久的中世纪文明。

诗人约翰·冯·歌德（Johann von Goethe）发表的一篇名为《论德国建筑》的散文高度赞扬了斯特拉斯堡的哥特式教堂以及该教堂监工之一的欧文·冯·施泰因（Erwin von Steinbach）。先不论它今天所在的位置，当时的斯特拉斯堡位于法国境内，非常不便。这个各国争夺的边境城市其不确定性为实现任何"国家"的风格提供了机会。另有一些作家则赞美了科隆的哥特式大教堂，这个是更确定意义上的德国城市。虽然它的教堂未完成，但这一问题的争论为其提供了机会。1880 年大教堂完成前，发生了支持国家团结的运动。

对德国建筑的争论最初集中于两种历史传统，希腊式或哥特式，永恒的或当地的。当时最有影响力的建筑师卡尔·弗里德里希·申克尔（Karl Friedrich Schinkel）最初是哥特式风格的倡导者，后来他提出了一种比冯·克伦泽现代一点的更实用的古典主义。许布施研究了两种风格并打破了僵局，他呼吁采用一种新风格，他的这一观点将会影响伯特赫尔、森佩尔等许多人。但到了 20 世纪，关于德国建筑风格的争论应该没有达成固定的共识。

★ 革命，稳定，风格

尽管法国的民族团结时间超过一千年，但最近几个世纪也不得不多次重新评估其建筑形象。法国历史上的大部分时间建筑仅用来表达君主的权威。纪念性建筑如路易斯十六的凡尔赛宫，就采用宏大的规模和显赫的辉煌程度来威慑民众和外国势力。但 1789 年法国大革命后，虽然还是同样的人生活在同一个地方，国家却已完全不同。从一个服从于国王、贵族和教会的国家变成信奉自由、平等和博爱的国家。

新法国对其社会的各个方面都做了激进的改革。革命政权废除了教会，建立了更合理的体系，包括公制度量体系和新的历法，十天为一周，并把 1792 年定为"元年"：在这些剧变中，古典主义的建筑风格被保持了下去，但却传递了不同的讯息。凡尔赛的华丽浮华风被新共和国的纯粹、理想主义式的古典主义取代。杜兰德（J.-N.-L. Durand）是布雷以前的学生，也是一位革命的支持者，他提议修建列柱式"平等院",用方墩支承人字形屋顶,柱顶上为象征新法兰西美德(智慧、节俭、工作、和平、勇气和审慎)的人物的头像。横梁上铭刻有"人民的美德是平等的坚实基础"的宣言。杜兰德的这一神殿未被建造,但通过他在法国新工程学校巴黎理工学院(École Polytechnique)的教学变得非常有影响力(见第四章)。

法国的理想主义和残酷的第一共和国非常短命,年轻的军官拿破仑·波拿巴从恐怖统治的血色混乱中脱颖而出,在 1799 年夺得了政权。他自称为"皇帝",颠覆了现代战争论。到 1810 年,他已经征服了欧洲大部分的大陆,正是因为他的入侵,促进了德国的统一。拿破仑的统治结束于 1815 年的滑铁卢战役,之后法国一直处于动荡中。从 1789 到 1870 年,法国每 10—18 年就发生一次革命,激进共和国之后出现过帝国、君主政体和其他共和国形式。建筑的变化慢于政治变化,往往是代表法国一个政府的项目刚开始,国家已改朝换代。一座赞美巴黎守护神的教堂在共和国期间才完成,只能改成先贤祠,成为纪念法国文化功臣的神庙。纪念拿破仑精锐军队的神庙在其战败时仍未完成,后来改为马德莲教堂(La Madeleine)。

图 8.10 维尼翁(A. B. Vignon),马德莲教堂,巴黎,1806—1842

在这样的混乱中，古典主义元素和学院派的培训实现了稳定性和灵活性的重要组合。他们为动荡的国家提供了庄严的建筑，这些建筑可以根据不同政府的不同需要方便地进行重新解读。

★ 民族的品牌

虽然英国没有如法国那样动荡，但 19 世纪具有重要政治意义的中世纪威斯敏斯特宫（Westminster，13 世纪后英国议会所在地）在 1834 年被烧毁后，英国不得不考虑其民族风格的问题。建筑师查尔斯·巴里（Charles Barry）爵士在竞争者中胜出，他为重建设计了一套理性的古典主义方案。

虽然古典主义在那时的英国建筑实践中占主导地位，但中世纪建筑也有一席之地，其倡导者具有一定的影响力，其中包括作家和建筑师普金（A. W. N. Pugin），他认为哥特式风格才是英国唯一真正的民族风格。尽管起源于法国，英国的哥特式建筑都拥有自己的特色，这可以从林肯大教堂的方形塔和屏障般的立面（图 0.2）上看出。不同于"异教徒"式的古典主义，它也是一座完全基督风格的建筑。宗教在美国、法国和德国（有新教和天主教的混合体）都是一个有争议的问题。英国的君主，同时也是英国国教会的教主，是国家身份与特定信仰的官方联系。

这种混合了中世纪产生的原创结构以及 13 世纪建立民主制度的英国大宪章的新结构，决定了新建筑的风格。巴里被说服请普金对其古典主义设计进行"中世纪化"，沿屋顶添加了尖顶饰，并为窗户加了窗饰。巴里还打破了该建筑与大本钟钟塔以及维多利亚塔广场的对称性。建筑的内部有带雕刻的木护墙板和教会风格的细节，为这座英国的政府大厅带来了哥特式风格。

普金因为对这项工作的痴迷而病倒，在 40 岁时去世。但是他的努力为这座英国最负盛名的建筑带来了新哥特式风格，并如他所愿的将其与国家的建筑形象联系在一起。英国的新威斯敏斯特宫和差不多同时代的美国国会大厦都是国家立法机构的所在地，二者均精心选用

图 8.11　查尔斯·巴里和普金，威斯敏斯特宫，伦敦，1836—1860

了一些历史风格以通过建筑突出民族的政治形象。

　　正如埃菲尔铁塔展示的那样，一座完全陌生风格的非政府建筑随着时间的推移可以达到同样的效果，而且它的速度还可以很快。1957年丹麦建筑师约恩·伍重（Jørn Utzon）在澳大利亚悉尼新歌剧院的设计竞赛中以抽象的提案获胜，歌剧院有多种不确定含义的白色外壳可从多方面进行解读：鸟的翅膀、船舶的风帆或动态的海浪，诉说着该建筑与另一个年轻进取的国家的关系。该项目因施工困难、成本超支及功能的局限性成为建筑史上的传奇。然而，伍重设计中不实用且不确定性的造型却从未被放弃，因为澳大利亚已经把它当作自己的象征。

★ 阅读建筑：符号学

　　看到一座建筑就想到"澳大利亚"、"英国"或"美国"，表明建筑可以作为一种视觉语言，通过其造型传递思想。18世纪法国建筑师提出"建筑语言"这一概念，一座"会说话的建筑"，可以通过其设计表达建筑的本质或"性格"。然而如果要使这行得通，建筑师和观众必须拥有共同的语言。克劳德·尼古拉斯·勒杜（Claude-Nicolas Ledoux）设计的早期联排别墅通过神话角色彰显他们业主的富有，但是只有博学之人才能体会其中的联系。

如果建筑的目标是建造更多公众易辨识的作品，建筑师就必须使用更易懂的语言。勒杜为法国阿尔克-塞南的皇家盐矿设计的盐场拥有多立克式大门，粗琢的砌体使墙成为粗糙的石头图案，类似洞穴的入口。每个人，不论是不识字的矿工还是受过良好教育的管理人员，都能了解该建筑与附近矿山的关系。

革命中断了阿尔克-塞南盐场的建设，勒杜继续在纸上把其发展为一个乌托邦式的社区，他把它称为"理想城市"（Chaux），象征性的造型和灵感在他的设计中变得更加极端，如河流巡视员的房子为埋在平坦地面的空心圆柱，一截管道表示居住者负责矿山和城镇的供水。"Oikema"（这个名字在希腊语中的意思是"妓院"）是年轻人的性启蒙场所，其平面图则是一个男性生殖器官。

这种造型无论在功能还是沟通方面都是荒诞低效的，几十年后，亨利·拉布鲁斯特（Henri Labrouste）在他的圣吉纳维夫图书馆（Bibliothèque Ste-Geneviève，图 6.8）中采取了一种更简单、清晰的方法。建筑的外观看上去是宁静的宫殿，可以容纳各种机构，但在其二楼拱形窗户下面的立体板的外侧刻有图书馆收藏的每一位作者的名字，文字可以标识建筑的身份，但这种表达方式与板背后的书架相对应，比门上面的名字更具表现力，也更为持久。正如泰姬陵上所刻的对天堂神圣的描述那样，这里的文字与建筑融为一体，放大了文字的表现力。

理想情况下，一座"易读的"建筑需要有一个可以理解的造型。在我们解读建筑的铭文之前，我们通常已经吸收了它的造型、空间、布局和材料信息。建筑大部分的沟通功能不是通过文字实现的，而是通过外表、物理性质的和空间性质实现的。理解这一过程的机制是"符号学"的研究领域，符号学是研究图像如何获取和传递意义的学科。美国哲学家查尔斯·桑德斯·皮尔士（Charles Sanders Peirce，

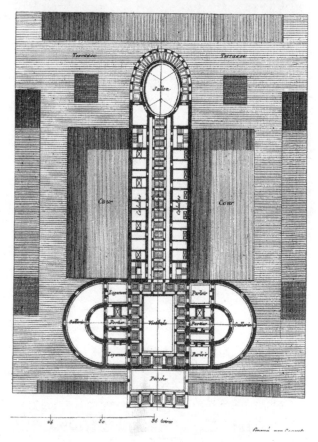

图 8.12 勒杜，河流巡视员的房子和妓院平面图，理想城市，1804

1839—1914 年）解释说"符号"通过指代一些外部的事物，即"指示物"而发挥作用，它是视觉信息的"内容"。根据传递指示物信息的方式，皮尔士把符号分为三类：图标符号、指示符号、抽象符号。

"图标符号"我们非常熟悉，比如计算机的图形界面，点击打印机图标就可以打印，文件夹用于保存文件，磁盘（已被淘汰）用于储存。它们正是皮尔斯所说的图标符号，因为每个符号都与其指示物很相像。图标符号通常非常容易辨认，因为它与指示物有直接、直观的联系。另一种类型符号是"指示符号"，是把指示物物化创建的图像。压力使我们的脚或手留下的印记，或我们踩刹车后会留下的打滑痕迹，所得到的符号表达了我们前面的行为。指示符号比图标符号难解读一些，因为我们必须反向思维，从效果推导原因。

图 8.13　大富翁游戏中的房子

皮尔士的第三种符号是"抽象符号"，对此他的定义是："按照惯例能传递某种信息的符号。"抽象符号具有意义只是因为一部分人决定它应该代表这种意义。如开车时我们看到红色的八角形，即使未出现"s-t-o-p"这几个字母，我们也会踩刹车。但红色八角形并不"像"

停止，它们也不是停车效果的物化符号，如刹车痕迹。停止的标志可以很容易地做成一些其他形状或颜色，如黄色正方形或白色圆圈。当一个群体的决策成为规范的交通标志并被普及后，红色八角形正式成为"停止"的符号。我们了解该规范才能知道这些抽象符号的意义。

皮尔士的分类可以用来解释建筑造型如何传递信息，先从一个简单熟悉的例子开始：棋盘游戏大富翁中的绿色塑料房子，这个小塑料房子细节寥寥无几，但其立方造型、人字形屋顶以及小小的烟囱有效地传达了"房子"的理念。它与指示对象足够相像，我们可以把它称为图标符号，这也是它在游戏中的作用。这不是真的房子物理化后产生的符号，因此它不是房屋的指示符号。但是，我们也可以把它称为一个抽象符号，如果我们认为它与"房子"的联系是一种由社会随意决定的惯例。在世界各地，房屋可能有许多不同的表达形式。因此在那些不会自动把房屋和人字形屋顶联系在一起的国家，它就是一个抽象符号。

★ 易读性和历史

理解建筑造型如何能传达意义有助于解释不同的公众对竞争性设计的反应。巴克敏斯特·富勒设计的马西昂住宅和莱维敦为美国经济住房提供了不同的模式（图 2.9 和图 7.9）。虽然这两种现代化房屋均受益于大规模工业化生产，但只有一种被大众所接受。富勒的设计公然违背了人们熟悉的"房子"形象，而莱维敦的设计，则像大富翁中的房子那样，从传统中借鉴了足够多的特征，如非必要的壁炉，使它成为一个易读的图标符号。它的成功是在于其符号学运用策略。

但这不是大多数现代建筑师重点关注的部分。勒·柯布西耶很少关心公众是否理解萨伏伊别墅的造型（图 5.9），他认为它的作用在于改变人们对房子的看法。现代建筑师的工作不是为了重复利用熟悉的造型，而是为新的生活方式提供新的元素。一个年轻的费城建筑师罗伯特·文丘里（Robert Venturi）对这一观点提出了质疑。文丘里接受过现代的建筑培训，也在欧洲进行了大量的旅行，他把所见、所闻写成了一本非常有影响力的书《建筑的复杂性和矛盾性》(1966年),这是一份"温和的宣言",他在文中对比了20世纪50年代获得设计奖的玻璃与钢的盒子建筑以及他最喜欢的建筑物。文图里认为纯粹地表达技术和抽象使建筑师忽略了建筑对人类的意义。对密斯的名言:"少就是多",文丘里的回敬则是:"少就是乏味。"[1]他在书中列举了200多个例子来论证不确定性和"双重功能元素"等原则有助于产生更赏心悦目的建筑。他把现代派作品与历史悠久的古遗迹并排放在书中的插图上,以显示建筑如何产生赏心悦目的效果——对美的回归。文丘里把建筑看作视觉文本,它们应该被阅读和享受,并激发思维。

文丘里认为建筑师如果想要建造表达新意的建筑,他们必须首先掌握一种植根于历史和文化的语言形式。绝对的原创是不可能的,要设计一座房子,我们必然从我们过去对"房子"的经验出发。历史,无论是古代史还是现代史,可以教会你创造一种流畅的语言,就如同作家通过广泛阅读来提高写作技能一样。文丘里介绍各种建筑,包括知名的和不知名的以及高级的和乡土的。作为建筑学的参照物,要批判性地解读它们,它们讲授了建筑师的设计语言。

图 8.14　罗伯特·文丘里,母亲之家,栗子山,宾夕法尼亚州,1960—1964

---

[1] Robert Venturi, *Complexity and contradiction in Architecture* (New York: Museum of Modern Art, 1966), p25.

　　文丘里在费城郊区给他母亲设计的房子采用人字形屋顶，内有壁炉，造型对称，这些都是人们熟悉的元素，可以在大富翁游戏和莱维敦的房屋中看到，但该设计却不是对房屋标志性元素的批量复制。在复杂和模糊的组合中糅合一些易辨识的元素，如隐藏在面对街道的平立面上，但要想真正了解其表现内容，只有通过房子的复杂空间以及内部空间。这座房屋示图证明一个所有作家都知道的道理，充分利用标准词汇和常规形式也可以创造出诗歌。

　　在建筑上，我们经常通过把特定的建筑与一种通用类别或类型联系起来以了解平屋、摩天大楼、宝塔和宫殿等传统造型。"类型"这个词的最初的含义是"印章"或"印迹"，就像印刷机或打字机的字母块。要形成可辨识的造型需要不断地重复和产生一致性。在所有文字处理器的字体中，每一个大写"T"都遵循水平线横置于（或多或少）垂直的中心竖线上的基本结构。同样地，我们要了解通用类型中的一座特定建筑，其造型必须保留有一些基本的定义性特征，如摩天大楼的高度或宝塔在垂直空间上的多层屋顶。这些都是通过经常接触现有建筑来实现的，因此我们必须理解历史才能理解建筑。

★ 旧建筑和公众记忆

　　文丘里关于历史建筑是重要的创新源泉的观点与 20 世纪 60 年代盛行的现代主义信条相矛盾。许多老建筑，如纽约市麦金米德与怀特事务所（Mckim, Mead and White）设计的宾夕法尼亚站，其古典主义的外表和高耸的内部空间是仿照古罗马浴场设计的，它被称为文化进步的障碍。沃尔特·格罗皮乌斯认为该站是"伪传统……只是对空洞风格主义的复制，其灵感来自于美国商人对所谓的欧洲'永恒的杰作'原型的依赖"[1]。对他来说，这样的建筑提供了一个虚假回忆，用一种不健康的方式把人们从自己的文化现实中剥离出来。

---

[1] Walter Gropius, "Tradition and Continuity in Architecture," *Architectural Record* 136 (July 1964):152 .

　　车站的地下轨道系统仍然运行良好，但其宏伟的建筑却日益损坏且维护费用昂贵。当时铁路部门已经没有国家补贴，但火车站还占据着的曼哈顿昂贵的地皮。当宾夕法尼亚铁路宣布准备拆除五十年的旧车站并建造创收型新车站时，引起了公众对旧的、过时建筑价值的巨大争议。虽然许多人同意格罗皮乌斯的负面看法，但也有许多人对此进行抗议，认为失去一座进入纽约的庄严大门是可悲的。

　　尽管许多人认为车站是支撑城市生活质量的公共设施，但作为私有财产其发展是无法阻止的。该站在 1964 年被摧毁，之后在原址上建起了新的麦迪逊广场花园。到 1968 年，宾夕法尼亚站已成为一个被遗忘的地下空间。到 2015 年，不到半个世纪后，它再次被重建。另一座建筑，纽约中央火车站是一座古典复兴风格的车站，内有 80 英尺高的华丽车站大厅，准备对其重建的原因同宾夕法尼亚站一样。1954 年，年轻的建筑师贝聿铭提出搬迁地下车站，用世界上最大的办公大楼替换原学院派的车站，新设想采用比帝国大厦还高的沙漏形塔楼。十年后，格罗皮乌斯的同事马塞尔·布劳耶（Marcel Breuer）设计了一座办公塔楼，它将屹立在现有站的地址上，通过租金创收。

图 8.15　麦金米德与怀特事务所，宾夕法尼亚站，纽约市，1910

布劳耶的项目被成立于 1962 年的纽约市地标委员会的诉讼终止，宾夕法尼亚站拆除带来的大众愤怒促成了该委员会的建立。委员会对那些非常重要且其留存会影响到公共利益的建筑进行监督，其中也包括私人建筑。在这个重视私有产权的新兴国家，在现代主义主导建筑行业的时代，这标志着对历史建筑的公众回忆价值和公民认同价值有了新的关注。

★ 引用，持久的造型，双重符码

这个问题在比纽约更古老的城市更为紧迫，比如意大利。建筑师阿尔多·罗西（Aldo Rossi）在 1996 年出版的《城市建筑》中分析了意大利的许多古老城市。相较于单个的历史建筑，罗西对数世纪以来古罗马营寨的栅格、古城墙或重要的遗迹如何构造城市环境更感兴趣。他表示无论形式如何变化——防御墙变成为环形路，或中世纪的市政厅变成博物

图 8.16　马塞尔·布劳耶，纽约中央火车站的重建方案，纽约，1965

馆——有些元素永久地塑造着城市的形态。

任何城市要生存下去就必须兼具改变和延续。但罗西认为定义一个城市的是那些无论如何变化都能持久保留下来的结构。他把那些能够持续提供参考点的元素称为"城市文物"（Fatti Urbani）。街道格局、区域或突出的结构如塔，都可以具有这种功能。例子之一是罗马的纳沃纳（Navona）广场，它长而窄的造型外加朝北的圆形末端，揭示了

它源于古老的体育场，其中椭圆形跑道用于战车比赛。数世纪后，支撑其分层式座位的墙壁成了建筑的基础。开放的跑道得以保留，城市在其周围发展变化。

意大利有很多类似的例子，像古代的圆形剧场，在佛罗伦萨和卢卡的房屋外以椭圆形环的形式留了下来。罗马的伟大竞技场罗马斗兽场，因为它的规模幸存了下来。期间有多个改造计划，包括将它改造成羊毛厂、工人住房或含教堂的广场，但都因故未付诸实施。即便如此，斗兽场也扮演过许多不同的角色：血腥运动的场地、建筑石材的来源、圣殿和旅游胜地。

罗西写道："城市的形态总是其在特定时期的形态。"[1]时间，像社区一样都不是 CIAM 的现代主义者的城市模式中的一部分（见第三章）。罗西的观点与意大利的未来主义者观念一致，他们希望每代人建造一座新城市以满足已变化的需求（见第五章）。然而到处都有功能与建设初衷不同的建筑，比如教堂变成清真寺，市政厅变成商业空间，写字楼改造成住宅。罗西反驳"形式追随功能"的现代主义的信条，他质问："形式与功能哪一种持续时间更长？经验告诉我们通常是造型比功能更长久。"

考虑到这点，格局对设计新结构有一定的启示作用。罗西自己的建筑都是采用简单的几何形体，如立方体、圆柱体、椎体，它们在意大利的城市历史中反复出现。通过它们的组合，可人为地设计出能唤起关于传统结构回忆的建筑。摩德纳（Modena）的圣卡塔尔多公墓（San Cataldo Cemetery）采用了一座带方形开口且由砖覆盖的巨大立方体，外有实体围墙，指向一个斜截锥塔。这把它们与所在的位置以及当地的文化传统联系在一起，而抽象的形式使设计的参照物更为通用而不是成为考古素材。但罗西的这种荒凉空间是疏离的，表达了传统和虚无。

如果建筑师试图设计一座属于特定地方的原创性建筑，而且希望当地人能了解它传递的信息，那么建筑师必须在易读性和诗意中取得

---

[1] Aldo Rossi, The *Architecture of the City,* trans.D.Ghirardo and J.Ockman (Cambridge, MA: MIT Press, 1982), p61.

良好的平衡。他们可以通过以新的方式利用历史形式或者使用传统材料安置创新的造型调和这些不同的要求。通常这需要复杂的设计方案以同时满足不同的观众。某些参考元素为公众所熟识，而另一些则需建筑专业人士和评论家才能解读。文丘里给他母亲设计的房子里面混搭了参照物的形象、微妙的组成和晦涩的历史，查尔斯·詹克斯（Charles Jencks）在《后现代建筑语言》（1977 年）中把它称之为"双重符码"。

图 8.17 阿尔多·罗西，圣卡塔尔多公墓，摩德纳，意大利，1971—1978

这种剔除复杂地理、历史和文化元素的做法，其冒险之处在于很容易变成既过度简化又肤浅的陈词滥调。真诚地尝试了解建筑的公共受众有助于吸引特定的人群。这种做法的结果可能会因参与者的知识价值水平的不同而有很大的差异，风险还是很高的。建筑师需在产生建筑的力量和公众之间进行平衡，就像罗西表示的那样，建筑形式也可以世代影响地方和社区，这使建筑师了解他们为谁服务变得重要。那么，建筑师应该为谁服务呢？

拓展阅读

1. Adams, Cassandra. "Japan's Ise Shrine and Its Thirteen-Hundred-Year-Old Reconstruction Tradition." *Journal of Architectural Education* 52, no. 1 (Sept. 1998): 49-60.

2. Fathy, Hassan. *Architecture for the Poor: An Experiment in Rural Egypt.* Chicago: University of Chicago Press, 1973.

3. Frampton, Kenneth. *Modern Architecture: A Critical History.* Fourth edition. London: Thames & Hudson, 2007.

4. Goethe, Johann von. "On German Architecture," in H. F. Mallgrave, ed., *Architectural Theory Volume I : An Anthology from Vitruvius to 1870.* Malden, MA : Blackwell Publishing, 2006.

5. Greenough, Horatio. "American Architecture" in *Form and Function: Remarks on Art, Design and Architecture.* Berkeley: University of California Press, 1947.

6. Heidegger, Martin. "Building, Dwelling, Thinking" in Basic *Writings from Being and Time (1927) to The Task of Thinking (1964).* New York: Harper & Row, 1977.

7. Hübsch, Heinrich. "In What Style Should We Build?" (1828), in H. F. Mallgrave, ed. *Architectural Theory, Volume I : An Anthology from Vitruvius to 1870.* Malden, MA: Blackwell Publishing, 2006.

8. Huyssen, Andreas. *Present Pasts: Urban Palimpsests and the Politics of Memory.* Stanford: Stanford University Press, 2003.

9. Jencks, Charles. *The Language of Post-Modern Architecture.* New York: Rizzoli, 1977.

10. Levine, Neil. *The Architecture of Frank Lloyd Wright.* Princeton: Princeton University Press, 1996.

11. Mallgrave, Harry F. *Gottfried Semper. Architect of the Nineteenth Century.* New Haven: Yale University Press, 1996.

12. Mitrović, Branko. *Philosophy for Architects.* New York: Princeton Architectural Press, 2011.

13. Rossi, Aldo. *The Architecture of the City.* Trans. D. Ghirardo and J. Ockman. Cambridge, MA: MIT Press, 1982.

14. Venturi, Robert. *Complexity and Contradiction in Architecture.* New York: Museum of Modern Art. 1966.

第九章
权力与政治

说到建筑与权力的关系，很少有建筑比 1941 年为集中管理美国武装力量而建的五角大楼（The Pentagon）更能直接地反映。虽然其五边形设计与沃邦时代的许多星形防御工事类似，但实际上五角大楼却是因为其原选址位置独特的不规则地形造成。虽然重新选定了位置，但为了节省时间，保留了其原来设计的基本布局。并且罗斯福（Franklin D. Roosevelt）总统也喜欢它独特的造型。

图 9.1　乔治·贝格斯特罗姆，五角大楼，阿灵顿，弗吉尼亚，1941—1943

　　五角大楼的建筑面积是帝国大厦的两倍，但其结构却是庞大的低层混凝土结构。设计时，美国已参与第二次世界大战，当时金属是战略资源，所以用混凝土结构比摩天大楼的钢框架结构更合适。其布局以务实为基础，但对称的立面伴随突出的楼阁以及方形的墩柱则赋予了该建筑威严感，属于"剥离式"古典主义。在此期间，类似的设计也被包括希特勒（Hitler）统治的德国在内的其他国家用于政府建设。作为第三帝国的全球交通枢纽，柏林滕伯尔霍夫机场（Tempelhof）的战略意义深远。与五角大楼类似，它低矮的不规则设计决定了其需要庞大的承重墙、打孔窗户和方墩柱廊。

图9.2　恩斯特·扎格比尔，滕伯尔霍夫机场，柏林，德国，1935—1941

　　一种建筑形式同时服务于新政民主与法西斯极权主义，这表明如果不了解相关的政治环境，对建筑符号的解读无论如何也不会完整。同时，环境的改变也能深刻地改变建筑的政治意义。1948年德国被占领后分为西部和苏联控制区域，苏联封锁西柏林以防其夺取被分离出去的部分。在此后一年多的时间里，盟军的飞机往返于滕伯尔霍夫机场为战区全天候提供物资用于挫败苏联的计划。这座希特勒时期的机场最终于 2008 年关闭，它见证了柏林空运的发展与冷战。因此，要了解建筑的意义，我们就必须知道它的建造者是谁以及用途是什么。这便引出一个更大的问题：权力如何左右建筑？

★ 马克思与大教堂

在《偶像的黄昏》一诗中，弗里德里希·尼采（Friedrich Nietzsche）写道："建筑是权力在形式上的一种雄辩术。"[1]无论是否为雄辩术，建筑都是一种权力对物质、空间和民众进行控制的行为，资源、政治和文化如何相互影响是 19 世纪哲学家、社会历史学家卡尔·马克思（Karl Marx，1818—1883 年）提出的理论研究对象。马克思与弗里德里希·恩格斯（Frederich Engels）共同创建了一套称为"社会主义"的政治和经济模型，他本人也因此而闻名全球，其著作《共产党宣言》（1848年）提出了一种革命性方案以解决当代的资源和社会关系失调问题，而《资本论》（1867 年）则对资本主义做了系统性分析。

虽然马克思受黑格尔历史变革观念的影响（见第五章），但他认为对物质资源（如食物和财产）的竞争是人类历史发展的动力。他强调，社会和经济"阶级"的共同利益团体都在竞争以保有并尽可能增加自身的财产。马克思还阐述了资源分配对人类思想的影响。在世袭贵族控制土地的社会中，人人平等的观点是不合时宜的，因为它与现实相矛盾。同样地，平等观念深入人心的文化很难接受少数人拥有更多权力。基本信念组成的这个系统是一种思想意识，它有助于帮助我们理解权力结构，并且通过把经验和信念关联起来证明其合理性。例如，贵族拥有更多是因为他们天生的优越性。

马克思对金钱与权力分配如何影响历史和文化的关注继续影响着许多领域，包括建筑界。这一方法有助于更深入地阐释建筑现象，如

---

[1] Friedrich Nietzsche, *Twilight of the Idols*, trans. T. Common (Dover Publications, 2012), <http://www.myilibrary.com. eaccess. libraries. psu. edu? ID=567271 >(accessed 3 December 2014), p35.

中世纪的大教堂。建造大型建筑需要大量的政治经济资源，并且通过为工人、材料供应商提供工作机会以及工人的食宿和服务市场创造财富。在中世纪的欧洲，宗教朝圣是一种宗教之旅，目的地还有令人印象深刻的建筑有助于吸引人群进行消费以支持地方经济。教堂花费巨大，但能增加当地繁荣，所以通常都是由统治阶级出资，成为当地统治阶级的财富发动机。

★ 资助人与建筑师

建筑所需的土地和资源往往由权势团体和个人控制。与当权者保持亲密关系可简化建筑师的工作，但要做到这一点并不容易。维特鲁威曾讲述过一位建筑师狄诺克拉底（Dinocrates）的故事，他生活在亚历山大（Alexander）大帝统治时期，这名公元前 4 世纪的马其顿将军征服了从埃及到印度河流域的广阔领土。据维特鲁威所述，狄诺克拉底要求谒见亚历山大，但是在等待数天仍没有结果后，他采取了行动。似乎注意到将军喜欢像他这样有魅力的年轻人，于是他光着身子，只在肩上披着一张狮皮，到可能被将军看到的地方散步。亚历山大的确注意到了他并邀请他聊天。狄诺克拉底提出了一个伟大的提案：把一座高山雕刻成一幅手握城市的人（自然是亚历山大）的画像。将军赞扬了他大胆的想法，然后睿智地提出了一个问题：附近是否有足够的农田来供养这座伟大的城市？建筑师有点尴尬，承认自己没有考虑过这个重要的问题。尽管如此，狄诺克拉底给亚历山大留下了深刻的印象，并被他留在了身边，后来让其设计新的埃及首都——亚历山大。

狄诺克拉底的策略最终取得了成功，奠定了他的事业和声望，这个故事也说明了建筑师与直接统治阶级的职业关系。可是，即使有着丰富创意和创造力的建筑师也同样需要屈从于权利。通过向有权势的主顾提供才华来获得工作与庇佑。亚历山大向狄诺克拉底提问则表明在测试建筑师的想象力方面，当权者更具权威性和责任感。维特鲁威负责为另一位世界领袖，喜欢被称为"亚历山大第二"奥古斯都大帝写作。维特鲁威补充说，尽管他不像狄诺克拉底那样年轻英俊，但希望通过其著作展示自身的抱负，同时也希望奥古斯都能像亚历山大一样帮助其铸造辉煌。在另外一些场合，他抱怨过那些能力不足却通过关系或美色上升的建筑师。不管我们认为这种寻求支持的方式是可耻也好，是策略也罢，狄诺克拉底和维特鲁威的故事均表明自我提升永远是建筑师的职责。

狄诺克拉底比颠覆诺斯王朝，狡猾的代达罗斯显得更为恭顺（见第四章）。但是代达罗斯的独立自由仅仅意味着他为一系列统治者服务。和大多数人一样，无论是在古希腊还是在现代资本主义经济中，建筑师都只为那些拥有财富和权力的人提供服务。菲利普·约翰逊直言不讳地总结建筑师的地位为："我们都是妓女。"[1] 如狄诺克拉底那样靠着赤裸身体抓住或吸引客户的眼球的确类似于卖淫。约翰逊说这就是建筑师所需要扮演的角色：奉承讨好客户。但这种不对等的关系对约翰逊来说毫无压力，他不关心为何种权势工作，只关心客户是否能负担得起伟大的建筑。他为跨国公司建造了几十座摩天大楼，还说："同样的我也可以为列宁服务，我才不管这些。"[2] 不论是资本主义还是共产主义，任何的建造机会都受欢迎。

具有讽刺意味的是，与 20 世纪其他建筑师相比，约翰逊根本不需要出卖自己的服务，因为当他还在哈佛大学就读时便已经身家百万。约翰逊学习的是古典建筑，却对国外兴起的现代建筑产生了浓厚兴趣。他和罗素·希区柯克（Henry-Russell Hitchcock）一起周游欧洲，后者是一名建筑历史学家，和约翰逊有共同的现代主义爱好。他们拜访了勒·柯布西耶和密斯·凡·德·罗等建筑大师，参观了大量的新式建筑，并收集了许多照片和图纸。然后他们在洛克菲勒（Rockefelle）家族庄园中的现代艺术博物馆中举办了一个展览。

约翰逊用他的财富资助了 1932 年的"国际风格"展览，这使他获得了现代艺术博物馆建筑区馆长的头衔。但他并不想仅仅成为一名自学成才的建筑评论家、馆长或是专家，他想要创造建筑。三十四岁时，

---

[1] Alan-Paul Johnson, *The Theory of Architecture: Concepts, Themes & Practices* (New York: Van Nostrand Reinhold, 1994), p127.

[2] Ibid., p127.

他回到哈佛设计研究生院在格罗皮乌斯门下学习建筑。不久，他便完成康涅狄格州的"玻璃屋"的建造，该项目实现了他的想法（图 8.5）。就像他之前的罗德伯灵顿勋爵和托马斯·杰弗逊一样，约翰逊有能力成为自己的资助人，因为他天赋异禀，对学科的未来发展方向慧眼如炬，像有些评论家评论的那样，约翰逊的财富推动了他职业的成功。

★ 粉饰的墙壁

建筑和财富之间的亲密关系可以通过二十世纪早期美国富裕家庭资助大型公共事业项目的轰动性事例证明。拥有铁路和大都会艺术博物馆的范德比尔特家族（Vanderbillts）是纽约中央火车站的幕后力量。以石油发家的洛克菲勒家族，也就是现在的埃克森—美孚公司（ExxonMobil），赞助修建了现代艺术博物馆、纽约洛克菲勒中心、联合国大厦、世界贸易中心和林肯中心（图 3.10）。大量家族式慈善事业在美国许多城市的地标性公共建筑的建设中发挥了重要作用。但财团家族出资修建建筑的动机并不总是无私的。对艺术殿堂的私人赞助以及财团的外交手段使公众更易于接受资产集中私有化，并引诱公民接受不利的权力体系。

20 世纪 30 年代洛克菲勒广场修建期间，两个欧洲国家也在大兴土木以维持法西斯统治，这是一种将权势资本家与强权独裁的中央政府绑定到一起的政治意识形态。它的名字来自意大利文"Fascio"（束棒），这是古罗马元首护卫队士兵所携带的一束象征性棍棒。该符号通过将个体紧密的捆绑在一起，表达了"强大"这一思想。法西斯反对马克思的工人经济所有制以及个人民主主义。无论是意大利法西斯（1922—1943 年）还是德国国社党（纳粹）（1933—1945 年）都是通过公民牺牲个人的权利来确保帝国的荣耀和其全球统治。他们的政权广泛采用电影、广播、大规模仪式和建筑形式来说服公众团结起来参加各种运动，以表明他们对元首意志的服从。

在法西斯统治的二十年间期间，意大利修建了大量的新住房、火车站、政府办公室，甚至是新城市。该运动与意大利工业落后于北欧的实际需求相契合，同时表达了关于秩序和进步的政治意图。本尼托·墨索里尼（Benito Mussolini）是一位实用主义领导人，他鼓励包括多重背景下的现代主义（在意大利称为"理性主义"）在内的多种建筑风格。大多数意大利建筑师都是法西斯党员。大部分要求风格进步的理性主义者都强烈支持建立一个承诺带来秩序、工业化、繁荣和现代化的国家政体。

　　随着时间的推移，墨索里尼日益希望新建筑项目参考意大利的古典遗产，从而能够将他自己的统治与罗马古代帝国联系在一起。到了20世纪30年代中期，意大利多数具有国家象征意义的建筑均采用抽象的现代古典主义，使其看上去既大胆前卫又兼具永恒的辉煌。他们计划在罗马城外新建卫星城用于举办被称为"文化奥林匹亚"的1942年世界博览会（EUR），以体现意大利建筑的优越性。该场馆轴向排列的建筑均为含有简化柱、墩、拱门的承重块，还有罗马斗兽场也采用当地的石灰华板饰面。它们苛刻而精确的易碎锋利边缘深合其最初用意：本次博览会的收入意在为入侵欧洲提供资本。

图 9.3　格里尼、拉·帕杜拉和罗马诺设计的意大利文化宫景象，
世界博览会（EUR），1938—1943

纳粹对不朽的现代化古典主义的偏好反映了阿道夫·希特勒的强烈意念，他曾被维也纳美术学院拒收。希特勒反对在官方建筑中采用现代主义，鲍豪斯建筑学派也因其前卫的美学观念及对国际主义、犹太人与共产主义艺术家的包容而惨遭取缔。纳粹建筑政策体现了希特勒希望第三帝国持续一千年的意图，就像罗马文明一样长。官方建筑如柏林希特勒官邸处的帝国总理府一样，均采用威慑民众的设计。游客通过一条四分之一英里长（400米）的迷宫式走廊，其间会穿过华丽的大理石厅，该厅的长度是路易十四凡尔赛宫巨大镜厅的两倍，然后到达尽头的超大型门，门后是领袖4 000平方英尺（372平方米）的办公室，其办公桌在办公室空旷的尽头若隐若现。

该建筑和还有一些其他作品均出自阿道夫·施佩尔（Adolf Speer）之手，他是希特勒的首席建筑师、军备部长和私人顾问。这些建筑均追求规模宏大、戏剧化和永恒性。他建议采用坚石建筑以确保德意志帝国的遗迹会像罗马的遗迹一样激发人们对其千年盛世的敬畏。总理府的大部分建筑石材均由佛罗森堡（Flossenbürg）的囚犯开采，可见对集中营的管理是纳粹制度的一部分。作为私企和政府的合作伙伴，

图9.4　阿道夫·施佩尔，帝国总理府，柏林，1939

集中营可以为德国的矿山、工厂和采石场提供可观的劳动力。佛罗森堡的大多数因犯是因为反对当局而被判处死刑的知识分子和神职人员，在狱中却被当作苦役，受到虐待。他们仅是希特勒时期 1 100 万被消灭的平民（包括 600 万犹太人）中的一部分中。纳粹的建筑与其暴行密不可分。

与权力机构紧密合作，建筑师往往会获得巨大的职业发展机会。假如德国人赢得了二战，那么他们在 20 世纪的建筑史将使施佩尔成为希特勒的依姆霍特普。然而，他却因战争罪于纽伦堡（Nuremburg）接受审判并被判处二十年有期徒刑。因为其忏悔认罪态度，施佩尔成为唯一获得免刑待遇的前纳粹高官。今天看来，他所选择的职业路径与许多艺术家和知识分子（包括尼古拉斯·佩夫斯纳，见介绍）相反，他们因受到的迫害或不想支持希特勒政权而逃离纳粹德国。选择留下的人中有很多则被判定参与了后续事件，其中包括马丁·海德格尔。他是一位后现代现象学哲学家，公开反犹，是纳粹的忠实支持者。关于海德格尔的信仰是否使他的观点贬值的争论仍在继续。建筑师的作品是在意大利法西斯政权的压迫之下完成还是为支撑政权而建的争论同样在继续。20 世纪 30 年代，约翰逊·菲利普也支持德国纳粹，并支持在美国开展法西斯运动。但是，建筑师的个人政治观念是否应该干扰我们对其作品的判断呢？

★ 精英主义与文化资本

在 1962 年发表的《绝对建筑》一书中，奥地利建筑师汉斯·霍莱因（Hans Hollein）和沃尔特·皮克勒（Walter Pichler）写道："建筑不是对普通人需求的满足，也不是满足大众狭隘幸福感的环境。建筑是由那些站在时代巅峰代表文化和文明最高水平的精英创造的。建筑是精英层的事情。"[1] 和勒·柯布西耶一样，皮克勒和霍莱恩所认为建

---

[1] Hans Hollein, "Absolute Architecture," in U. Conrands, ed., *Program and Manifestoes in 20th-century Architecture*, trans. M. Bullock (Cambridge, MA: MIT Press, 1970), p181.

筑学（英文单词第一个大写字母的 "A"）应该是由站在普通大众之上的一小部分人创造的，他们最理解建筑的真谛。

霍莱恩所说的精英指有思想有品位的贵族，是所谓的"高端"文化的一部分。今天，精英通常出现在大学、博物馆、表演艺术中心和出版社等机构，这些都是表现其知识层次的地方。文化精英不一定是政治精英或财富精英，尽管这三者都需要依靠政府和私人捐助。我们可以将其看作社会权力体系的一种间接表现。

此外，法国社会学家皮埃尔·布迪厄（Piere Bourdieu）20世纪末所做的一项研究标明，文化知识也具有自己的社会力量。布迪厄调查了艺术、音乐、电影甚至家具方面的品位，提出了他定义为"文化资本"的概念。文化资本是一种宝贵的资源，因为它把人与社会群体（布迪厄称为"领域"）联系起来，这会影响人们的机会。同一团体需要有类似的经历，对符号也需要有共同的解读：戴劳力士手表很高贵还是很俗气呢？这个歌剧是恼人的还是极好的？很多看上去是个人化的决定，比如我们所追求的教育和工作，我们的宗教或政治信仰，我们吃什么或是如何度过休闲时光，凑到一起就变得不那么"个人化"了。本质上布迪厄认为我们的品位揭示了我们所属的社会群体或我们对社会群体的偏好。

当一些社会交叉领域被赋予更高的地位时，他们便形成了文化精英。对于建筑师来说，加入类似群体便可以获取宝贵的声望和机会。同时，与直接资助关系相比，还可以具有更大的经济和政治独立性。建筑界文化精英的推动运动将彼得·艾森曼（Peter Eisenman，生于1932年）推举为二十世纪末期最具争议性的建筑思想家之一。艾森曼在开始职业生涯以前，曾获得英国剑桥大学博士学位，在美国顶级建筑学校任过职，建立并领导了一个建筑理论研究中心。跟同时代的罗伯特·文丘里和查尔斯·詹克斯一样，艾森曼深受符号学影响。他不认可结构大师皮尔士旨在解读符号含义的结构主义模型（见第八章），但却对法国哲学家雅克·德里达（Jacques Derrida）等人提出的"后结构主义"很感兴趣，后结构主义认为这个项目是徒劳的，因为符号与指示物之间的内在关系是不稳定的。文字和图像的意义随时间的变化而变化，不同人之间的变化更大。后结构主义主张任何支持原始文本的解读都是正确的，这意味着没有绝对的诠释。

艾森曼将这些挑战性的思想应用到建筑学中。他1976年写的《后功能主义》一文对建筑学的"现代建筑思想源于工业材料、玻璃幕墙和动态不对称的应用"信条做出批判。这一定义的前提在于建筑与外部参照物之间有稳定的关系：建筑之所以"现代"是因为它像工厂运用了外露工字梁，或者因其创作像是一幅现代主义画作。艾森曼辩称就像古典主义一样，建筑的意义仅源于它"指向"其他事物。在包豪斯时代过去五十年后，他仍然坚信建筑师尚未表达出现代主义，他将现代主义定义为"基本取代人类的一种感觉"[1]。在他看来，现代主义建筑必须在不稳定、无意义的世界中表达人的疏离。他甚至断言建筑的作用不是满足我们的需求，而是帮我们摆脱这些需求。建筑师唯一能做的便是通过无休止的争论来接受和探索建筑的不稳定性，要了解这个过程不会产生真理——而是会带来更大的分歧。

该构想维护了建筑的"自主性"，即该领域的价值不被服务的政府、客户或公众所左右，而取决于它本身想表达的东西。"构筑物"之所以成为"建筑"不是因为其物理实用性的存在，而是作为一种"文本"为建筑师提供了世代思考和争论的主题。艾森曼打破了理论与建筑实践，并将其仅看成一种参与者自己的秘密语言。他的著作使用了晦涩难懂的语言，目的是保证小范围的专属会话圈。

把建筑定义为一门严肃的学科抛弃了维特鲁威的"建筑的目的在于满足公众的文化身份和文化隔离的需求"的论点。该模型对内在的关注凸显了一个重要的事实：建筑本身就是一种社会体系中的文化资本形式。如果建筑的最高目标与人类需求剥离，那就使从事写作与教学的人优于从事建筑实践的人，从而造成该领域内的学者高于那些以建筑设计为生的人。这种对某些建筑师的拔高可以追溯到瓦萨里对神一般创造性的个人理想，这个神话与产生建筑的复杂现实相冲突（见第六章）。但神话是强大的，它们影响了人们对建筑师的期望以及建筑师对自身的期望，并对那些准建筑师产生影响。

---

[1] Peter Eisenman, "Post- Functionalism," *Oppositions* 6 (Fall 1976): 3.

★ 女性主义与创新信用

美国建筑师协会称 2009 年美国注册建筑师中只有 14% 是女性，尽管几十年来女性在建筑专业的学生和毕业生已经占到将近一半。[1] 研究和改变这种脱节现象所做出的努力通常被归为"女权主义"。这一偶有争议的标签适用于一组文化理念，这组文化理念有两点基本观念：性别差异影响人类现实；妇女并不应该被自动归入较低的社会地位。女权主义对建筑的看法可以通过以下方式超越性别的界限：质询哪些人及观点主导建筑界以及女性的看法如何被赞赏而不是被压制。

自古以来性别范畴就在建筑中得以应用。古典主义创作中明确地运用了男性和女性身体，很多设计专门设置了性别空间领域。把建筑师设定为形式的赋予者是另一个例子，因为历史上通常将创造与生育类比以进行理解，因为后者的机制直到现代才被揭开。亚里士多德认为在生育中女性则负责提供物质基础，而男性的精子则赋予胎儿生命和形式，这使人们认为孩子是由其父亲"设计"的。亚里士多德的想法影响深远，他把"创造"定义为男性的内在能力，而女性从生物学上讲不适合从事创造及智力活动。这种假定一直持续至今，如维多利亚时代的医生认为教育会降低女性的生育能力。20 世纪的美国建筑师布鲁斯·戈夫则更直率一点："女性跟男性一样富有想象力。只是她们对建筑的想象总是错误的。"[2]

历史上妇女以多种方式参与了建筑的建造过程。有些文化传统认为建筑是女性的责任。许多女性统治者，如俄罗斯的凯瑟琳大帝，都

---

[1] The National Architecture Accreditation Board report that as of 2013, 43 percent of U.S. architecture students were female, and 42 percent of U.S. architecture degrees were awarded to women. See http://www.acsa-arch.org/resources/data-resources/women(accessed 9 December 2014).

[2] Gwendolyn Wright, "On the Fringe of the profession: Woman in American Architecture," in S.Kostof, ed., *The Architecture: Chapters in the History of the Profession* (Oxford: Oxford University Press, 1977), p280.

是非常有影响力的建筑资助人。在英国，少数接受过数学和绘画教育的贵族女性参与过设计和改进自家庄园中的别墅及房屋。然而，那些贫困妇女成为建筑师的道路却一直面临诸多阻碍。女性被禁止成为建筑业的学徒，或者被禁止进入工房以及参加艺术培训。19世纪，随着行业的发展，一些人开始雇用妇女参与非创造性且工资低廉的绘图工作。男学徒最初也是这样开始的，但是他们却能得到女性很难获得的发展机遇。

此外，早期高等教育专业课程只对男性开放，女性于19世纪末开始反抗这种歧视制度。朱丽亚·摩根（Julia Morgan，1872—1957年）就是参与者之一，她于1894年成为加州大学伯克利分校土木工程专业的第一个女性毕业生。她所跟随的建筑师鼓励她参加巴黎高等美术学院。经过三次入学考试（第一次她甚至被禁止参加考试），摩根终于在1898年被正式录取。1902年她成为全球第一位取得美术学院建筑师资格证的女性。摩根的世界级证书帮她在加州取得了建筑工作的成功。作为美国最多产的建筑师之一，在她半个世纪的职业生涯中设计了上百个的作品。

美国第一批建筑专业女性学生的毕业时间比其他国家的女性同行要提前数年，如伊利诺斯州立大学（1879年）、康奈尔大学（1880年）和麻省理工学院（1890年）。这些学校都是政府授权的合法机构，需接收所有合格的学生。虽然学校也通过配额限制女性建筑师的数量以保持男性在行业中的主导地位，但是包括大多数常春藤盟校在内的很多美国私立大学，传统上讲则拒收女性以及所有非白人、犹太人或天主教申请者。二战期间哈佛、宾夕法尼亚大学和哥伦比亚大学设计专业的研究生课程开始接受小部分女性，以填补因为男性参军而空缺的名额。久负盛名的专业课程帮这些女性拓展了专业视野。

1944年毕业于哥伦比亚大学的娜塔丽·德·布卢瓦（Nathalie De Blois）在SOM建筑设计事务所（Skidmore, Owings and Merrill）取得了巨大的职业成功，她参与了许多重大商业项目的设计，如纽约现代化的百事总部。德·布卢瓦是首位设计摩天大楼的女性，她设计了位于纽约公园大道270号52层的联合碳化物公司大厦。在加入SOM之

图 9.5　SOM 建筑设计事务所的娜塔丽·德·布卢瓦，百事可乐总部，
纽约，1960

前，她曾因拒绝与同事约会导致该同事不愿与其合作而被公司开除，
而位于同座大楼上的 SOM 立即雇用了她。

　　20 世纪对女性建筑师而言，个人决策对职业机遇的影响是大部分
男性同行远不会经历的。与当时的少数专业女性一样，摩根也未结婚，
她将自己的全部精力都投入到事业中。德·布卢瓦已婚且有四个孩子，
她几乎没有中断过工作。决心在充斥着男性成见和职业礼仪条框的背
景下做出一番事业的女性需要做出巨大的牺牲，例如一些女性建筑师
因为其怀孕体形显眼而被拒绝参加自己设计的建筑的开幕式。SOM
的规模和结构为她的成功提供了基础，但她与公司的许多男性建筑师
相比显得默默无闻。布卢瓦的工作完全可以使她获得合伙权，但她没

有得到这一待遇，其搭档戈尔顿·本夏夫特却时常获得本应是布卢瓦的工作功劳。

战后的其他女性建筑师则选择与其丈夫合作，包括英国的艾丽森·史密森（Alison Smithson）和洛杉矶的蕾·伊姆斯（Ray Eames）。这种合作关系可以确保她们的名字不被隐去，但也意味着需要分享荣誉。普利兹克奖历史悠久，自1979年首次授予菲利普·约翰逊以来，奖项一直限于颁发给那些公认的成功建筑师；2001年，建筑界的"诺贝尔奖"首次颁发给一个团队。20世纪末一些女性获得了独立的成功，意大利籍巴西现代主义建筑师莉娜·珀·巴尔迪（Lina Bo Bardi）就是一个著名的例子。然而只有一名女性被授予普利兹克奖，在2004年授予巴格达出生、伦敦长大的扎哈·哈迪德（Zaha Hadid），她成为第一位进入建筑界最精英俱乐部的女性。2011年，芝加哥建筑师珍妮·甘（Jeanne Gang）获得麦克阿瑟（MacArthur）"天才"奖，正式登上了瓦萨里所认为的创造巅峰，比肩米开朗琪罗。

★ 权威，种族，机遇

建筑职业注册证持证人必须具有相关领域的工作能力，如消防规范、预算和机械系统方面。但是许多建筑师的专长却无法量化，这涉及复杂的文化问题。在建筑师主雇关系中，比如狄诺克拉底和亚力山大，资助人显然拥有较高的权威。但像大多数现代职业一样，建筑师和客户的关系很大程度上取决于建筑师激发客户信心的能力。客户必须信任建筑师，相信他们能满足自己的实用要求，并通过设计表达他们的身份和志向。

建筑师和客户有着相似的社会身份或者客户认为建筑师的地位高于自身时，信任最容易建立。名校学历以及获得的各种奖项可以让建筑师建立其文化权威，但往往性别、阶级、种族、宗教信仰等因素也会在潜意识中影响信任的建立。在美国注册建筑师中，少数种族所占的比例很低，这可能是由长期遗留的公然排斥和细微偏见造成的。2011年，只有3%的美国建筑师是西班牙裔（2010年西班牙裔人口占美国总人口的 16%），非洲裔的则只有 1%（非洲裔人口占美国总人口的 12%）。[1]

后者的这一比例与建筑行业中非洲裔美国人所做出的贡献完全不符。他们通常是被迫或自觉地成为熟练的建筑工人。1865 年奴隶制被最终废除后，小部分人通过充当学徒或接受高等教育而获得更好的就业机会。第一个从美国建筑类院校毕业的非洲裔美国人叫罗伯特·鲁滨逊·泰勒（Robert Robinson Taylor），他 1890 年毕业于麻省理工学院。在民权时代之前只有小部分少数种族的学生能进入白人占多数的机构，更多的人则是通过黑人学校的课程接受培训，最早的黑人学校是 1871 年开办的弗吉尼亚州汉普顿学院（现在的汉普顿大学），其机械工业课程与工艺和设计课程结合，使学生在施工与设计的各方面都能得到与工作相匹配的能力。

毕业后就业则是黑人学生面临的另一个难题。1892 年，泰勒被亚拉巴马州的塔斯基吉学院（Tuskegee University，现在的塔斯基吉大学）聘请教授建筑课程，历史上该学院在也是一所黑人大学。早年在麻省理工学院的学习经历使泰勒更注重实践训练和自力更生（早期的学生参与修建了自己的校园）。他还设计了许多新的校园建筑。美国各地的非白人建筑师们经常在少数种族院校和社区得到很大支持，朱丽亚·摩根的早期实践同样受益于妇女组织的项目。但包括摩根在内的许多非传统的建筑师突破了仅为"外围"客户服务的工作限制。

另一位少数种族建筑师保罗·列维尔·威廉姆斯（Paul Revere Williams，1894—1980 年）是密西西比河西部地区的第一位非洲裔美国注册建筑师，他于 1921 年取得资格证，并于 1923 年成为第一位进入美国建筑师学会的非洲裔美国建筑师。1957 年，在民权运动之前，威廉姆斯突破种族界限获得了事业的巨大成就。1919 年这位洛杉矶小伙从白人居多的南加州大学获得工学学位，并在当地美术俱乐部独立学习了建筑学。洛杉矶的黑人社区是威廉姆斯第一批独立操作的项

---

[1] This represents data collected as of May 31, 2011. This excludes the 18 percent of respondents who responded "unknown". See "Diversity within the AIA,": http://www.aia. org/about/initiatives/AIAS076703, accessed 9 December 2014.

目，但在 20 世纪 20 年代，这里小规模的实践已不能满足他的需求。

为在白人占多数的环境中取得成功，威廉姆斯运用了很多策略。他参加邮件订购设计比赛，这种情况下他的工作不会因种族而受到偏见。威廉姆斯甚至学会反向作画，这样他就可以只需坐在对方对面就可以创作，而无需坐在他们旁边。随着时间的推移，他的才华、专业知识和对客户偏好的敏感，使他成功脱离种族主义文化的限制，成功地为很多客户服务，其中包括著名的艺人露西尔·鲍尔、德西·阿纳兹、比尔·鲁滨逊和法兰克·辛纳屈，他还在很多禁止黑色人种居住的社区设计房屋。威廉姆斯所设计的建筑以优雅的风格深受客户的青睐。

相比于种族隔离严重的南部地区或等级明显的东北部地区，加利福尼亚的文化氛围更加开放，得益于此，威廉姆斯和摩根获得了施展抱负的机遇。对每个人能力的认可能促进学科成长，而对种族多样性的包容也彰显了对建筑的忠诚。建筑师的个人价值观以及经历决定了他们的工作重点，以及如何理解他们作品所服务的复杂社会。多样性的衡量方式不仅包括身份的不同，也包括角度及议题的不同，这有助于保证建筑不仅仅是为了富人、权势阶层或建筑本身而存在。建筑学可能是精英们的领域，但它与每个人的生活息息相关。

图 9.6 保罗·列维尔·威廉姆斯，第二十八街的基督教青年会，洛杉矶，1928

★ 职业与公众

1991 年，建筑历史学家戴安娜·吉拉度（Diane Ghirardo）写道，"最根本的问题在于建筑是为谁而建。建造博物馆、摩天大楼、音乐厅和其他供资产阶级享乐的建筑的开支是以牺牲重要的、必需的公共服务事业项目为代价的，更别说对价格适当的理想住宅的影响了"[1]。她认为建筑的目的以及其服务对象决定了建筑的优先级别。与那些认为建筑是奢侈品的人不同，吉拉度表示，建筑师最大的作用不是赞美权力或展示创意，而是通过设计服务大众。

维特鲁威专注于精英的建筑类型，但同时通过城区设计为公众谋福利，承担了建筑师的责任。在实践中建筑师的身份可能有很大的差异，可能是领袖的副手、公益倡导者或是权力与人民之间的桥梁。这取决于建筑所处的经济、政治和社会模型以及人与人之间的关系，不论是劳动者还是领导者。

19 世纪英国评论家约翰·拉斯金（John Ruskin）认为建筑的道德地位取决于其所在的社会环境，他强调了装饰的设计与制作。对于拉斯金而言，建筑与单纯房屋的唯一区别在于通过特定方式制作的装饰。他认为古典建筑是"把建筑师变成剽窃者，把工人变成奴隶，把居住者惯成享乐主义"[2]的源头。关于剽窃或抄袭的指控是有一定道理的，所有爱奥尼柱必须遵守这一形式的固有模式。但是建筑风格如何能把建造者变成奴隶呢？

拉斯金是一位充满热情的中世纪建筑研究者，他相信自己喜爱的"真正"的哥特式风格不是指扶壁、尖拱和肋拱，它源于建筑工人的双手、思想和灵魂，反映了他们的性格（"精神倾向"）。哥特式建筑的建设者必定位于欧洲北部，因为这里有漫长的冬季、森林和灰色的

[1] Diane Gilardino, *Out of Site: A social criticism of Architecture* (Seattle: Bay Press, 1991), p15.

[2] John Ruskin, "conclusion,": *The Stone of Venice*, vol. 3 (New York: John W. Lovell, 1851), pp 193-194.

天空，他们的作品是对当地风土人情的真实写照，"教堂与阿尔卑斯山之间的兄弟情谊"[1]。更重要的是，建筑者们必须在其作品中能自由发挥其性格，这样装饰就能够反映自然，也能反映神话、幻想和景象。与海因里希·许布什（Heinrich Hübsch）推崇的观念一样，拉斯金的模型使风格"属于"特定的地域及文化。

虽然他关于哥特式建筑创意自由的想法有些理想化，但是其最大胆的言论却是在他的作品《威尼斯的石头》（1851—1853 年）中提出的，他认为建筑工人在自由的状态下独立创作的所有建筑都应被认为是"美好的"。人们更应该喜爱通过有尊严的劳动创造的前后不一、粗犷的作品，而不是批量生产的光鲜产品，让品味追随正义。拉斯金表示，"装饰的功能在于让你获得快乐"，这延伸了《威尼斯的石头》中提到的自由创造力。[2] 他坚持说，每当看到在石头上充满了自由的创造力时，我们都应该感到高兴。

★ 建设乌托邦

拉斯金反对现代工业，因为原有的自由工匠被没有灵魂的机器以及笨拙悲惨的工人代替。即使是后来许多人认为工厂是一种新解放力量的建筑师也吸收了拉斯金的社会意识。现代运动的领袖们认为，工业时代的建筑通过工业生产效率与设计效率的结合可改善大众的生活条件。虽然建筑师的个人观点不同，但是现代主义经常和先进的政治联系在一起，如住房学派与包豪斯学派。

同期的十年里，苏联经历了试图通过现代建筑改造社会的巨大尝试。1917 年革命后，年轻的苏联建筑师们引发一场激进式的设计洪流，从而宣告了基于平等和灿烂工业前景的新文化。"构成主义"作

---

[1] Ruskin, "Nature of Gothic," *Stones of Venice*, vol. 2, p158.

[2] The immediate context for this sentence is Ruskin's belief that ornament should depict nature, and viewers should find joy in the handiwork of God. Howeve it also encapsulates efficiently what he says at greater length elsewhere regarding appreciation of the liberated craftsman's work. Ruskin, "The Material of Ornament," adornment material," *Stones of Venice*, vol.l, p219.

品以其大胆的设计赞美了现代社会结构的美学潜能，并尝试构建新的共产主义社会。其中最著名的是弗拉基米尔·塔特林（Vladimir Tatlin）的第三国际纪念碑，他希望这座钢结构内悬空旋转的空间能为新政府提供办公场所，它比黑格尔螺旋状进程象征的埃菲尔铁塔还高 100 米。

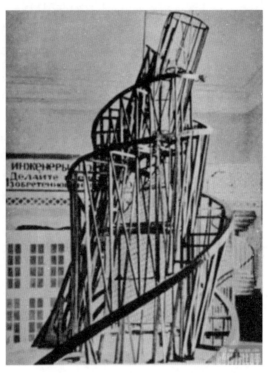

图 9.7　弗拉基米尔·塔特林，第三国际纪念碑，
彼得格勒（圣彼得堡）项目，1919—1920

莫伊塞·金兹伯格（Moisei Ginsburg）在莫斯科的纳康纷（Narkomfin）的项目是一个"社会的换热器"，目的是通过设计传播共产主义价值观。其剖面空间巧妙穿插微小单元的公寓，内有客厅、卧室和浴室，但没有厨房。该建筑内有公共食堂，外加洗衣房、托儿所、图书馆和健身房。公寓其实就是宿舍，小型空间鼓励工人们在公共场

所度过更多时间。在那里，他们将更多地融于同事和社会集体，而非家庭私人空间，这便是设计的目的所在。这项通过建筑容积促进社会平等的实验很快便面临后革命时代的残酷现实。莫斯科的住房极其短缺，以至于纳康纷极小公寓一推出立即被分予多个家庭，其社会功能未被完全实现。该建筑 2014 年被荒废，见证了建筑改变社会的力量及局限性。

图 9.8　莫伊塞·金斯伯格，纳康纷公寓楼，莫斯科，1928—1932

★ 宣传或平民主义

　　直到政府政策以及有远见的艺术提案分崩离析，苏联的前卫主义大约只持续了十年。20 世纪 20 年代末，斯大林巩固个人权力后，他更喜欢露蒂芬高塔的风格，虽然后者与塔特林的建筑风格一样不切实际，但斯大林相信露蒂芬高塔的古典主义风格能彰显他的权威，有助他获得公众的尊重。像其他的独裁者一样，建筑只是例行公事的宣传手段而已，他们精确的观察公众对建筑类型的看法，但这并不代表他会受公众观点左右。

罗伯特·文丘里为其母亲设计住房时（见第八章），他开始与宾夕法尼亚大学的研究员教丹妮丝·史葛·布朗（Denise Scott Brown）合作。他们成为建筑界又一对事业成功的伉俪，虽然几十年的合作只为文丘里一人在 1991 年带来普利兹克奖。史葛·布朗在去费城攻读城市设计专业研究生之前，曾经对南非和伦敦的建筑做了研究。她迷上了美国的低密度城市肌理，这里曾经被批评者认为是人造荒地。史葛·布朗特别迷恋拉斯维加斯（Las Vegas）那种布满华丽霓虹的商业街道，这是典型夸张风格的美国城市结构。1966 年她把文丘里带到了那里，1968 年他们和学生一起返回。他们的研究结果《向拉斯维加斯学习》（1972 年）引发了有关建筑环境以及设计师服务对象的观点争论。

在汽车化的城市环境中，商业结构设计要达到能远距离吸引客户的目的。文丘里和史葛·布朗为实现这一目的提出两种建筑策略。一种是"鸭子"——灵感来自于路边卖鸭产品的鸭形摊——整个建筑就是一个立体的鸭子造型；另一种是"装饰棚"，是指提供一般空间的中性建筑，用独立的招牌传达信息。虽然"鸭子"提供了更广泛的设计表达形式，但文丘里和史葛·布朗却认为装饰棚更加有效，因为其造价较低，且实用功能更好，清晰的标识能更有效地起到沟通作用。

文丘里和史葛·布朗的方法革命性的一点是他们会"非批判性地"关注多数建筑师只会批判的普通结构。平庸环境的设计也值得借鉴，这种想法被认为是荒谬的。但这却是近期流行艺术运动背后的动力，采用广告、漫画和产品标签作为"高端"艺术的来源。史葛·布朗写于 1971 年的文章《向流行艺术学习》认为商业结构和图像同样与建筑师有关，她发现市场驱动的结构能反映现实以及普通消费者的喜好，这一点往往被建筑师的"抽象计划"所忽略。尽管商业建筑更多的反映企业利益而不是公众意愿，后者就建筑如何联系公众提供了深刻的见解，这对希望更多普通人理解并欣赏自己作品的建筑师来说非常重要。

文丘里和史葛·布朗提出反精英建筑师论，他们既不拘泥于常规，也未放弃自己的专业知识和批判眼光。他们尊重公众，同时提供建设性的改善方案以创作出在现实工作环境中行得通的设计。然而，在他们作品出版几十年后，人们发现对低密度生活现状以及汽车依赖式发展更加难以评判。建筑师肩负促进公共福利事业发展的责任，该责任已延伸到建筑对生活的广泛影响上。

★ 超越流行观点：可持续性

1962 年，生物学家雷切尔·卡逊在《寂静的春天》中描述，现代工业已经对自然环境造成不可估量的损失。从那时起，关于人类活动破坏生态系统的争论已经延伸到很多领域。如果以此为视角，我们的伦理职责就会超越人类及人类的即时需求，包括所有物种和可预见的未来。建筑通过人造环境取代及改变原有的自然环境，并对自然生物系统造成巨大的影响。在美国，建筑和城市占用了一半以上的能耗，建筑产生约 40% 的垃圾，所以关于环境伦理的争论应包括建筑。

传统上大多数建筑使用的是地方资源，只有居民与自然环境间保持可持续平衡，才能实现城市的长久发展。这种智慧应作为建筑师的基本能力的一部分；正如亚历山大提醒狄诺克拉底的那样，没有赖以生存的食物与水，城市便不能长存，过度的自然开发从来都是人类文明的威胁。但随着现代工业水平的发展，建筑在更加迅速广泛地改变着环境，问题的范围和严重性越来越大。现代建筑吸收了工业模型专注效率的特点，即运用最少的时间和经济成本进行最大限度的生产。但是该模型中却没有包含其他成本，如资源开采和能源利用对自然界的影响。

尽管早期对脱离实际的设计以及能源挥霍有所批判，包括哈桑·法赛（见第八章），伊恩·麦克哈格（Ian McHarg）和维克多利亚·奥戈亚（Victory Olgyay），但是 20 世纪 70 年代可持续性问题在建筑业仍是边缘化课题。截止到 20 世纪 90 年代，该问题才重新被提上议程，用于设计实践以及伦理标准。到 21 世纪初，许多建筑师已将设计减少能耗与审美和预算放在同等重要的位置。马来西亚建筑师杨经文（Kenneth Yeang，生于 1948 年）花费数十年研究现代主义标志物，即玻璃塔楼如何应对热带气候。他反对设计封闭式依赖空调的建筑，而是设计"生物气候"的摩天大楼，采用自然通风、利用方位、日光屏风以及小平台保证建筑内部的舒适，同时大幅减少能耗。

图 9.9 杨经文，IMB 塔，吉隆坡，马来西亚，1990—1992

可持续发展带来的挑战不仅在设计方面，还对建筑师的职业策略和文化价值提出了挑战。如果客户优先考虑的不是环境责任，那么便不太可能提供额外资金以实现建设目的。为应对这一普遍现象，美国于 1998 年提出了《绿色建筑评估体系》（LEED）体系，作为有效的工具对建筑的可持续发展进行认证。许多客户认为 LEED 建筑带来的正面影响以及长期财务收益可以弥补额外产生的成本。

包括建筑师威廉·麦唐纳（William McDonough）和化学家迈克尔·布朗嘉（Michael Braungart）在内的评论家也指出了 LEED 体系的不足之处。他们的著作《从摇篮到摇篮》（2002 年）中认为，对建筑物可持续性的衡量是必须将场址设计和生物多样性考虑在内的，此外还有每种材料的提取、生产、运输、毒性和预计寿命周期所产生的影响，以及建筑在可预测的未来的能耗。环境影响的量化是一项艰巨的任务，远远超出官方所列的项目。但是不论难度有多大，威廉·麦唐纳和化学家迈克尔·布朗嘉所提出的建筑像所有其他的人造产品一样都是环境的一部分，应该净化环境而不是增加环境压力，这一观点已被广泛认可，成为建筑的核心伦理职责。

图 9.10　迪耶贝多·方济·凯雷，甘多的小学，布基纳法索，2001

　　1987 年布伦特兰（Brundtland）委员会在其报告中对"可持续性发展"做出了定义："既满足当代人的需要，又不对后代人满足其需要的能力构成危害的发展。"[1] 这一宽泛的定义适用于经济、社会、环境和文化各个领域。近几十年来，越来越多的建筑师心怀人道主义，为资源最少、需求最大、负担最重的人群提供服务。1993 年美国奥本大学的塞缪尔·默克比（Samuel Mockbee）对此类工作做出了重大努力，他把建筑系学生领到亚拉巴马州的贫困社区，让他们通过经济

---

[1] World Commission on Environment and Development, *Our Common Future* (Oxford: Oxford University Press, 1987), p43.

和环保的设计来解决当地居民的需求。在其他案例中，对贫困人群的专注源于建筑师自身的背景。1990 年，建造师迪耶贝多·方济·凯雷（Diébédo Francis Kéré）来自非洲最贫穷的国家之一布基纳法索（Burkina Faso），他获得了柏林慕尼黑理工大学的奖学金。在上学期间，他运用当地实惠的原材料为其家乡设计了一所小学，该小学无机械系统，却可以抵挡恶劣的气候。他的作品以及数不尽的其他作品表明建筑知识可以帮助任何地方的任何人建造更美好的世界。

拓展阅读

1. Adams, Annmarie. "Gender Issues: Designing Women," in J. Ockman, ed. *Architecture School: Three Centuries of Educating Architects in North America*. Cambndge, MA: MIT Press, 2012.

2. Bourdieu, Pierre. *Distinction: A Social Critique of the Judgement of Taste.* Trans. R. Nice. Cambridge, MA: Harvard University Press, 1984.

3. Colomina, Beatriz, ed. *Sexuality and Space.* New York: Princeton Architectural Press, 1992.

4. Frank, Susanne S. *Peter Eisenman's House Ⅵ: The Client's Response.* New York: Whitney Library of Design, 1994.

5. Friedman, Alice T. *Women and the Making of the Modern House: A Social and Architectural History*, New Haven and London: Yale University Press, 2006.

6. Hudson, Karen E. *Paul R. Williams: Classic Hollywood Style.* New York: Rizzoli, 2012.

7. Larson, Magali Sarfatti. *Behind the Postmodern Façade: Architectural Change in Late Twentieth-Century Amerrca.* Berkeley: University of California Press, 1993.

8. Lima, Zeuler Rocha Mello de Almeida. *Lina Bo Bardi.* New Haven: Yale University Press, 2013.

9. Lu, Duanfang. *Third World Modernism: Architecture, Development and identity.* New York Routledge, 2011.

10. McDonough, William and Michael Braungart. *Cradle to Cradle.* New York: North Point Press, 2002.

11. McHarg, lan. *Design With Nature.* Garden City, NY: American Museum of

Natural History, 1971.

12. Rendell, Jane, Barbara Penner and lain Borden, eds. *Gender Space Architecture: An Interdisciplinary Introduction*. London and New York: Routledge, 2000.

13. Ruskin, John. *The Stones of Venice*. London: Smith, Elder & Co., 1851-1853.

14. Schulze, Franz. *Philip Johnson: Lite and Work*. New York: Knopf, 1994.

15. Scott Brown, Denise. "Learning from Pop." *Casabella* 359/60 (December 1971): 15-23.

16. Speer, Albert. *Inside the Third Reich: Memoirs*. Trans. R. And c. Winston. New York: Macmillan, 1970.

17. Sudjic, Deyan. *The Edifice Complex: How the Rich and Powerful Shape the World*. London: Allen Lane, 2005.

18. Twombly, Robert. *Power and Style: A Critique of Twentieth-Century Architecture in the United States*. New York: Hill and Wang, 1995.

19. Venturi, Robert, Denise Scott Brown and Steven lzenour. *Learning From Las Vegas. Revised edition*. Cambridge, MA: MIT Press, 1977 (1972).

20. Wilkins, Craig L. "Race and Diversity: African Americans in Architecture Education," in J. Ockman, ed., *Architecture School: Three Centuries of Educating Architects in North America*. Cambridge, MA: MIT Press, 2012.

21. Wright, Gwendolyn. "On the Fringe of the Profession: Women in American Architecture," in s. Kostof, ed., *The Architect: Chapters in the History of the Profession*. Oxford: Oxford University Press, 1977.

两部电影，
两位建筑师，
你的想法

Two film, two architects,
your ideas

毫无疑问美国最著名的建筑师是弗兰克·劳埃德·赖特。继赖特之后，第二著名的是一位虚构的角色：霍华德·洛克（Howard Roark），这个角色来源于安·兰德（Ayn Rand）1943 年的小说《源泉》。1949 年导演金·维多（King Vidor）将小说改编成电影，由加里·库珀（Gary Cooper）主演。兰德自己担任编剧，并直接参与了电影的制作。[1] 小说和电影都不算取得了巨大的成功，但它们对这位英雄式建筑师从默默无闻到取得成功的漫长过程的平行刻画表现得非常到位，在这个过程中他坚守自己的创意，抵挡住了名誉、财富、爱情等各种诱惑。几十年来这个故事一直深受影迷的喜爱，使得只要一讨论建筑师，必定会提起洛克。

兰德曾在纽约的一家建筑事务所工作过，对现代建筑做了广泛的研究，其中便包括阅读勒·柯布西耶和弗兰克·劳埃德·赖特的作品。然而，她最大的兴趣是政治而非建筑。《源泉》创作的目的是宣扬兰德奉行的极端个人主义新尼采哲学，她认为应该允许天生的领袖追求自己的梦想而无需在意对他人的责任，用兰德自己的话来说就是："该理论是所有'理性利己主义'者的福音"。这部电影还是一部针对性的反共产主义影片，时值美国和苏联的冷战开始升级之际，所有演员的选择都小心地避开了 20 世纪 50 年代早期参议员约瑟夫·麦卡锡（Joseph Mccarthy）制定的好莱坞"黑名单"（对同情共产主义的演员、作家和导演的指控，许多人的职业因此被毁）。

兰德的书出版后 60 年，纳撒尼尔·康（Nathaniel Kahn）在 2003 年发布了题为《我的建筑师：寻父之旅》的纪录片，这个纪录片是关于他父亲费城建筑师路易斯·康（Louis Kahn，1901—1974 年）的。与霍华德·洛克的英雄主义掌控式性格不同，路易斯·康的个性可以

---

[1] Merrill Schleier, "Ayn Rand and King Vidor's Film 'The Fountainhead': Architectural Modernism, the Gendered Body and Political Ideology," *Journal of the Society of Architectural Historians* 61, 3(Sept,2002):310-333.

说是高深莫测，他的温情和人性的两面性是兰德书中冰冷的角色以及库珀塑造的严厉角色所没有的。虽然洛克和康个性完全不同，但是他们的故事却有很多相似之处：艰难的职业起步、漫长的成功之路、扑朔迷离的复杂感情、对自己设计理念的坚持、对现实阻碍的反抗以及最终来之不易的建筑学成就。康在建筑师同道中享有很高的声誉，可看作是兰德小说的创作原型。他的经历也体现了为创作而活的艺术家能够通过全身心的工作和罕有的才华创造出超群的作品，以此打动和鼓舞众人。

但是康的故事里也有阴暗的一面，电影在讲述他走向不朽的同时，也刻画了他遇到的随处可见的疲惫、被不公平对待的妇女、破产的设计方案、被忽视的家庭生活、无根的漂浮以及孤独的死亡这些残酷的现实。在《源泉》中，洛克在坚持理想主义和志向的过程中身边存在的许多悲剧角色也被刻画成没有价值或迷茫的人，他们的遭遇是因为不认同洛克的信仰和坚持。相比之下，《我的建筑师》中许多人的不幸是因为他们信任康，而非缺乏信任。纪录片的结局令人唏嘘，他的儿子开始认识到他的精神遗产，同情他的选择，也许还原谅了他的许多过失。影片值得思考的问题是人们对康的信任是正确的还是错误的。如果《源泉》极力宣扬的是必须给予伟人完全的自由让其为大众创作伟大作品这一"真理"，那么《我的建筑师》则提出了"无价之宝"泰姬陵被问过无数次的著名问题：伟大的建筑究竟价值几何？

观看这两部电影有助于我们重新思考本书的主题：建筑具有优化环境，使生活更有意义，更加高尚的能力；建筑具有实现我们追求舒适家庭生活梦想的能力；建筑具有让陌生人共聚一区，和谐生活的能力。影片的主角坚持认为建筑师应该建造一个更美好，更能体现新视角的世界。两部电影均认为建筑应该诚实地表达自己，包括它所属的位置、文化和时代，同时也要超越这些限制，使任何人都可以欣赏它们。在两部影片中，杰出的建筑均具有强大的外力，表达了特定人物的想象力。从两部影片中女性受到的待遇以及缺乏非白人角色可以看出，它们还强化了长久以来对建筑师的固定形象。《源泉》和《我的建筑师》也赞扬了那些不起眼的材料、空间、地点和需求是如何突破制造者和地理位置限制形成建筑的，这些建筑满足了人们永远难以言说的需求。

有时建筑师的设计看起来很奇怪，甚至不为我们所喜。这种第一印象会不幸地被证明是正确的，但证明的代价非常昂贵。有时虽然我们不能立刻领会建筑的内涵，但建筑师的不同视角可以精确地帮助我们满足需求，建造一座能打开意想不到的梦想建筑，带来令人感恩的体验。如果说把建筑师的能量理想化以及被愿景诱惑是危险的，那么忽视建筑师对于有形、真实、混乱、宏大的建造世界的走向的洞察力也是不明智的。因此，重要的是铭记我们自己的力量，通过参与环境的创造、改变和保护以塑造我们生活。虽然洛克和康被神化了，但建筑从来不是独角戏。

当你开始阅读此书时，你是如何定义"建筑"的？你现在认为建筑意味着什么？在你阅读的过程中，也许你的想法发生了很大的变化，也或许是很小的变化。你可能开始时很确定结束时很困惑，也可能从模糊的想法发展到更具体的想法，但这些都不重要，本书的创作是为了提出问题、概念和例子，帮助你清晰地表达和探索你自己的观点、见解和想法。如果你发现自己正在用不同的角度看待建筑并可以自己提出问题，想要了解更多，思考如何帮助建造一个更美好的世界，那么这本书就是成功的。如果你能继续阅读和思考，并感到有能力参与与建筑有关的对话，那将是最好不过的。当你遇到可以创造建筑、街区和城市的机会——人人都有机会，不论职业——要不断地追问建筑意味着什么，为你，也为我们所有人。

插图致谢

引言

0.1 弗兰克·盖里，古根海姆博物馆，毕尔巴鄂，西班牙，1997。来源：Dreamstime

0.2 林肯大教堂，林肯，英格兰，1185—1311。来源：壹图网

0.3 泰姬陵，阿格拉（Agra），印度，1632—1653。来源：译者照片

0.4 里约热内卢郊外的贫民区，巴西。来源：壹图网

0.5 绘有布拉曼特圣彼得大教堂设计的纪念章，1506。来源：维基百科

0.6 林璎，越战纪念碑，华盛顿，1981。来源：刘纪纲

第 1 章：神圣的空间

1.1 迈克尔·阿拉德和彼得·沃克，反射缺失，911 纪念碑，纽约，2004.11。来源：作者照片

1.2 江华石墓牌坊，仁川广域，韩国，约公元前 1000 年。来源：(c) Dorling Kindersley LT D/Alamy

1.3 巨石阵，威尔特郡，英国，公元前 2600—前 1600（照片与平面图）。图片来源：壹图网

1.4 雅典卫城，雅典，公元前 5 世纪重建（鸟瞰图与平面图）。图片来源：Alamy

1.5 阿蒙神庙，卡纳克寺，埃及，约公元前 1550 年开始。来源：维基百科

1.6 玛哈戴瓦寺庙，克久拉霍，印度，1025—1050。来源：壹图网

1.7 大窣堵坡，桑奇，印度，公元前 250—公元 250（照片与平面图）。图片来源：壹图网

1.8 法隆寺的佛寺，靠近奈良，日本，670—714。来源：盖蒂图片社

1.9 所罗门神庙，耶路撒冷，公元前 10 世纪（平面图和剖面图）

1.10 老彼得教堂，罗马，333—390（平面图和等轴图）

1.11 圣索菲亚大教堂，伊斯坦布尔，土耳其，532—537（内部照片和平面图）。图片来源：张旻

1.12 大教堂圣母院（中殿内景），亚眠，法国，1220—1270。来源：壹图网

1.13 菲利普·约翰逊，水晶大教堂，花园小树林，加利福尼亚，1977。来源：维基百科

1.14 岩石穹顶，耶路撒冷，687—691。来源：维基百科。

1.15 大清真寺，凯鲁万，突尼斯，836—875（航拍照片和平面图）。图片来源：壹图网

1.16 苏丹哈桑清真寺，开罗，1356—1363（平面图和外观照片）。图片来源：壹图网

第 2 章：住宅

2.1 殖民复兴风格房屋，环球工作室，洛杉矶，加利福尼亚，1949。来源：NBC

2.2 平面，住宅 VII.4，奥林索斯，希腊，公元前 430—前 350

2.3 平面，米南德住宅，庞贝古城，毁于公元 79 年

2.4 米开罗佐·迪·巴罗米欧（Michelozzo di Bartolomeo），美第奇府邸，佛罗伦萨，始于 1444（外观图和平面图）。图片来源：作者照片

2.5 安德列亚·帕拉第奥，圆厅别墅，维琴察，意大利，1567—1570。来源：壹图网

2.6 托马斯·杰弗逊，蒙蒂塞洛，西立面，夏洛茨维尔附近，弗吉尼亚州，1768—1809。来源：壹图网

2.7 平面，"哑铃"出租公寓的平面，纽约市，1879—1900

2.8 安妮女王的房子，费尔菲尔德（Fairfield），爱荷华州，1896。来源：维基百科

2.9 鸟瞰莱维特镇，纽约《生活杂志》，1949。来源：壹图网

第 3 章：城市

3.1 2020 年上海预期规划模型，城市规划展览中心。来源：维基百科

3.2 希波达莫斯制作的米利都规划图，公元前 5 世纪。来源：维基百科

3.3 "帝王之都"布局图——基于《考工记》的描述，约公元前 5 世纪

3.4 圣母领报大教堂，佛罗伦萨，意大利，1419—1516。来源：维基百科

3.5 吉安洛伦索·贝尔尼尼（Gianiorenzo Bernini），圣彼得广场，梵蒂冈，1667。来源：张旻

3.6 李察·纽科和约翰·伊夫林爵士重建伦敦的规划图，约 1667。来源：维

基百科；London Metropolitan Archives

3.7 皮埃尔·查尔斯·朗方，华盛顿的规划图，1792。来源：Library of Congress

3.8 拿破仑三世，巴黎交通规划，1853—1870。来源：TopFoto

3.9 伊尔德方索·塞尔达，巴塞罗那规划图，1859。来源：维基百科

3.10 林肯艺术表演中心，纽约市，1955—1969（照片由 Matthew G·Bisanz 拍摄）。来源：维基百科

第 4 章：建筑师

4.1 伊姆霍特普，左惹的阶梯金字塔，沙卡拉，埃及，公元前 2681—前 2662。来源：壹图网

4.2 伊克提诺斯和卡利特瑞特，帕提农神庙，雅典，公元前 447—前 438。来源：壹图网

4.3 维特鲁威，《建筑十书》第三书，有平面图和立面图；Cesariano 1521 年出版，Como（感谢罗马美国学院图书馆）

4.4 布鲁乃列斯基，佛罗伦萨主教堂穹顶，1420—1436。来源：张旻

4.5 阿尔伯蒂，带自画像的青铜奖章，1435，国家艺术画廊，华盛顿。来源：NGA Washington

4.6 文森佐·斯卡莫齐，帕尔马诺瓦，意大利，始于 1593 年。来源：谷歌地图

4.7 古斯塔夫·埃菲尔等公司，嘎拉比特高架桥附近烯马尔热里代，法国，1880—1884。来源：壹图网

4.8 托马斯·沃尔特，美国国会大厦穹顶，1850—1863。来源：Architect of the Capitol

4.9 伊洛·萨里嫩与塞韦鲁（F. Severud）和班达（H. Bandei），圣路易斯拱门，密苏里州，1947。来源：壹图网

第 5 章：美学

5.1 迪勒，当代艺术博物馆，波士顿，2007。来源：Alamy

5.2 多立克柱式、爱奥尼柱式和科斯林柱式

5.3 赫拉神庙 1（约公元前 550）；赫拉神庙 2（约公元前 470），帕埃斯图姆，意大利；帕提农神庙，雅典（公元前 447—前 438）。来源：壹图网

5.4 依瑞克提翁神殿的爱奥尼柱式门廊和少女柱式门廊，雅典，公元前 421—前 406。来源：壹图网

5.5 四方庙，尼姆，法国，约公元前 15 年或公元 2 世纪重建。来源：壹图网

5.6 莱昂纳多·达·芬奇，维特鲁威的人，约 1500 年。来源：壹图网

5.7 伯拉曼特，坦比哀多，S. 彼得洛，蒙特利尔，罗马，1502—1510。来源：壹图网

5.8 威廉斯特里克兰，美国第二银行，费城，宾夕法尼亚州，1819—1824。来源：壹图网

5.9 勒·柯布西耶，萨伏伊别墅，塞纳河畔的普瓦西，法国，1929—1931。来源：Alamy

5.10 罗伯特梅拉特，萨尔基纳山谷桥，瑞士，1928—1930。来源：壹图网

5.11 太和殿，北京，1406—1420。来源：壹图网

5.12 伊托尼·路易·布雷，都市大教堂项目，1781。来源：BNF

5.13 福利克洛福特（Flitcroft）和霍尔（Hoare），斯托海德公园景致，威尔特郡，英格兰，1744—1765。来源：壹图网

5.14 弗兰克·劳埃德·赖特，威立茨住宅，高地公园，伊利诺伊州，1902（平面图和照片）。来源：盖蒂图片社

5.15 路德维希·密斯·凡·德·罗，范斯沃斯住宅，普莱诺，伊利诺伊州，1945—1951。来源：维基百科

第 6 章：独创性

6.1 让·努维尔，凯布·朗利博物馆，巴黎，2006。来源：壹图网

6.2 米开朗琪罗，大卫雕像，1502；西斯廷教堂利比亚女巫的细节，1508—1512。来源：陈怡

6.3 拉斐尔，哲学（雅典学院），"签署厅"房间，梵蒂冈宫殿，1509—1511。来源：维基百科

6.4 米开朗琪罗，劳伦图书馆前厅，圣洛伦佐，意大利佛罗伦萨，16 世纪 30 年代。来源：Art Resource

6.5 布拉曼特，罗马新圣彼得大教堂平面图，1506；米开朗琪罗的新圣彼得大教堂平面图和外视图，罗马，1546。来源：壹图网

6.6 波罗米尼，四喷泉圣卡罗教堂（平面图和穿顶），罗马，1638—1667。来源：作者

6.7 孟卡拉和他妻子的塑像，约公元前 2500 年。来源：Bridgeman

6.8 亨利·拉布鲁斯特，圣吉纳维夫图书馆，巴黎，1843—1851。来源：维基百科

6.9 勒·柯布西耶和马克斯·杜·波依斯，多米诺住宅，1914—1915。来源：Fondation Le Corbusier/DACS

6.10 密斯·凡·德·罗，玻璃摩天大楼项目，1922；西格拉姆大厦，纽约市，1956—1958。来源：Art Resource；维基百科

第 7 章：结构和造型

7.1 贝聿铭，约翰·汉考克大厦，波士顿，1976。来源：壹图网

7.2 圣弗朗西斯科教堂，新墨西哥州，1772—1816；杰内大清真寺，马里，初建于 13 世纪，现在的结构建于 1907 年。来源：壹图网

7.3 铺作的细节，参考李诫《营造法式》（1103）中的施工详图，墨尔本大学，澳大利亚

7.4 大津巴布韦遗址，马斯温戈附近，津巴布韦，始于 11 世纪。来源：壹图网

7.5 万神庙内景，罗马，117—125。来源：张旻

7.6 原始棚屋，《建筑随笔》卷首插图，马克·安托万·洛吉耶，1753

7.7 维欧勒·勒·杜克，亚眠大教堂结构体体系，《法国 11—16 世纪建筑词典》，1854—1868

7.8 路易斯·沙利文，担保大厦，布法罗，纽约，1896。来源：Library of Congress

7.9 富勒，马西昂住宅，1929

第 8 章：记忆与身份

8.1 伊势神宫神殿，日本，690（2013 年完成第六十二次重建）。来源：盖蒂图片社

8.2 莱昂·巴蒂斯塔·阿尔贝蒂，圣塔玛莉亚·诺维拉教堂立面，佛罗伦萨 1456—1470；圣米尼亚托大殿，佛罗伦萨，建于 1013 年。来源：维基百科

8.3 戈特弗里德·森佩尔，特立尼达房屋图纸，1863，来自《技术与实践美学的风格》，1878。来源：维基百科

8.4 哈桑·法赛，高纳新村，埃及，1947—1953。来源：View Pictures

8.5 菲利普·约翰逊，玻璃屋，康涅狄格州，新迦南，1947—1949 年建设至今。来源：Corbis

8.6 旧州府（独立大厅），费城，1732—1753。来源：Dreamstime

8.7 托马斯·杰弗逊，弗吉尼亚州议会大厦，里士满，1785—1796。Library of Congress.

8.8 美国国会大厦；最初由威廉·松顿设计，1792；查尔斯·布尔芬奇重塑并加圆顶，1818—1826；托马斯 .U. 沃尔特扩建，1851—1868。来源：Library of Congress；刘纪纲

8.9 利奥·冯·克伦泽，瓦尔哈拉神殿，雷根斯堡附近，德国，1830—1842。来源：壹图网

8.10 维尼翁（A. B. Vignon），马德莲教堂，巴黎，1806—1842。来源：壹图网

8.11 查尔斯·巴里和普金，威斯敏斯特宫，伦敦，1836—1860。来源：刘纪纲

8.12 勒杜，河流巡视员的房子和妓院平面图，理想城市，1804

8.13 大富翁游戏中的房子

8.14 罗伯特·文丘里，母亲之家，栗子山，宾夕法尼亚州，1960—1964。来源：百度百科

8.15 麦金米德与怀特事务所，宾夕法尼亚站，纽约市，1910。来源：Library of Congress

8.16 马塞尔·布劳耶，纽约中央火车站的重建方案，纽约，1965。来源：AAA

8.17 阿尔多·罗西，圣卡塔尔多公墓，摩德纳，意大利，1971—1978。来源：Alamy

第 9 章：权力与政治

9.1 乔治·贝格斯特罗姆，五角大楼，阿灵顿，弗吉尼亚，1941—1943。来源：维基百科

9.2 恩斯特·扎格比尔，滕伯尔霍夫机场，柏林，德国，1935—1941。来源：

维基百科

9.3 格里尼、拉·帕杜拉和罗马诺设计的意大利文化宫景象，世界博览会
（EUR），1938—1943。来源：作者照片

9.4 阿道夫·施佩尔，帝国总理府，柏林，1939。来源：维基百科

9.5 SOM 建筑设计事务所的娜塔丽·德·布卢瓦，百事可乐总部，纽约，
1960。来源：Skidmore Owings & Merrill

9.6 保罗·列维尔·威廉姆斯，第二十八街的基督教青年会，洛杉矶，1928。

9.7 弗拉基米尔·塔特林，第三国际纪念碑，彼得格勒（圣彼得堡）项目，
1919—1920。来源：百度百科

9.8 莫伊塞·金斯伯格，纳康纷公寓楼，莫斯科，1928—1932。来源：维基
百科

9.9 杨经文，IMB 塔，吉隆坡，马来西亚，1990—1992。来源：Architect

9.10 迪耶贝多·方济·凯雷，甘多的小学，布基纳法索，2001。来源：
Architect

作者

丹尼丝·科斯坦佐（Denise Costanzo）是美国宾夕法尼亚州立大学伯克分
校的建筑学助理教授，她在当代意大利方面的研究使她获得 2014—2015 年度
罗马美国学院 Marian and Andrew Heiskell 博士后罗马奖。